U1075212

TNC 自然保护丛书

投资自然

[美]比尔·金　著

中国环境科学出版社·北京

图书在版编目(CIP)数据

投资自然/（美）金著；刘炳艳，张薇译. —北京：中国环境科学出版社，2009.4

ISBN 978-7-80209-978-4

Ⅰ. 投… Ⅱ. ①金… ②刘… ③张… Ⅲ. 生态环境—环境保护—案例 Ⅳ. X171.1

中国版本图书馆 CIP 数据核字（2009）第 045801 号

版权登记号 图字：01-2009-2311 号

Investing in nature：case studies of land conservation in collaboration with business/William J.Ginn

翻　　译 刘炳艳 张 薇
责任编辑 丁 枚 连 斌
封面设计 龙文视觉

出版发行 中国环境科学出版社
（100062 北京崇文区广渠门内大街 16 号）
网　址：http://www.cesp.cn
联系电话：010-67112765（总编室）
发行热线：010-67125803
印　　刷 北京中科印刷有限公司
经　　销 各地新华书店经销
版　　次 2009 年 4 月第 1 版
印　　次 2009 年 4 月第 1 次印刷
开　　本 787×960 1/16
印　　张 10
字　　数 144 千字
定　　价 26.00 元

序

我和比尔第一次见面是在加州召开的一次亚太经理会上。他形色匆匆，总是戴着个棒球帽。 当时他被请来专门讲在 TNC 做的所谓“大手笔”项目。比尔讲话很快，也很直接。过去听到过的保护案例总充满了理想和热情，在他的介绍中多了很多智慧和巧妙让我回味。第二次再见到比尔是在巴塞罗那 IUCN 的大会上，TNC 派出了 80 人的代表团参加这个国际盛会，在总结会议上，大家畅谈了收获和感想，比尔还是戴着个棒球帽，用他低沉的声音对我们参加如此多国际会议的意义和成本提出了质疑。

比尔的思想和他书中所讲述的案例一样特立独行。

时至今日，各国政府和生物多样性保护机构做出的所有努力，未能有效减缓全球范围内生物多样性的丧失和生态系统的退化。相对于经济发展，生物多样性保护的资金投入有限，人员不足。TNC 作为一个有着 50 余年历史的生物多样性保护机构，愿意把一些过去的成功的和失败的经验教训，带到中国，为中国的生态建设提供些借鉴。就此我们非常感谢中国环境出版社和有关合作单位共同促成此书的出版。

书中的案例无一可以照搬，全球各国的法律、文化、社会发展背景各有不同。中国保护事业面临的挑战，由中国特有的人口和经济发展水平注定了我们必须摸索一条自己的道路。这条出路的探索和环境的日益恶化，让我不禁联想起从小岗村走出来的中国改革之路。先辈们破旧立新、务实求真的信念和 30 年的执着带来了中国经济的复苏和振兴。中国目前所面临的环境问题是在过去 30 年成就后新的挑战。我们衷心地希望这本书的出版，为新一代的改革者带来些启发，引领我们突破目前政策和经济上留存的壁垒，把青山绿水世世代代传承下去。

TNC 中国首席代表　张爽

致 谢

多年以来，每当早春时节，我们就从克利夫兰城郊开车赶到祖父母生活的费城东部的乡村。我的祖父经营着一个小型蔬菜农场，并管理着这个地区的苹果园，同时还挨家挨户送面包。我常常在农场后面一条坑坑洼洼的林间小道上闲逛，远离城市喧嚣。在温暖的春季清晨，我和祖父坐在柴草堆旁，他告诉我怎么区分木头的纹理，橡木的纹理鲜红，枫木的纹理光滑细腻，偶尔才能看到的松木纹理粗糙。那时我总是在想，知道这些事情是多么不一般啊。后来，祖父在将近 80 岁的时候，在给一棵苹果树修枝时摔了下来，从此再也没有完全康复。或许这就是他最好的归宿吧。即使现在，在仓房后面劈柴时每每想起我的祖父，也会会心地一笑。我的名字就是照着祖父的名取的。

祖父去世前最后一次去他那里的时候，我差不多十岁。我发现居民区中一排新的浅色房屋延伸到了林中刚清理出来的空地上，原先的树木被砍伐掉了。费城郊区的开发已经开始侵占市区周围的小型农场了。我找不到什么词汇来形容我的感受——“地球日”是十年以后才有的，而像“环保”和“生物多样性”这样的词那时还闻所未闻。现在 40 多年过去了，我仍旧记得自己那种深深的失落感。这是我环保意识的最初觉醒。

我感谢我的父母，比尔和艾琳娜。在我宣布放弃一所精英辈出的新英格兰学院，去缅因州沿岸一个刚刚创建的没有名气的环保学院读书时，他们大为震惊。然而至今我都感到很幸运，自己能在大西洋学院创建的第一年来此就读。而学院一直以来也给予了我不可或缺的关键性支持。

很多同事和朋友都给我留下了难忘的印象，多得不可胜数，但我必须特别感谢其中的几位。迪克 · 安德森和谢里 · 胡伯是我在缅因州奥杜邦学会时的第一任老板，是他们信任我并雇用了我。我永远感谢他们给我的启发与激励、他们的精神和一生的友谊。我在资源保护服务公司（Resource Conservation Service）的同事不仅总是在艰难的时刻给予公司极大的支持，还和我一起分享成功的喜悦。特别是桑迪 · 惠曼（为帮公司维持正常运转，借给了我她的第一张薪金支票）、史蒂文 · 威姆斯、汤姆 · 兰普夫、杰伊 · 基尔孟、杰米 · 艾克、凯西 · 派克、彼得 · 科尔曼和乔 · D · 塞弗尔，我总是最先想到他们。社区中心的彼得 · 福布斯邀请我和他去佛蒙特待一个星期。他在社区层面的工作让我对公众之于环保工作的重要性有了新的认识。

大自然保护协会（TNC）——我过去六年的雇主，在这里工作期间，许多人和事逐步塑造了我的环保理念。新西兰的彼得 · 托马斯在我初进 TNC 的日子里，给了我许多关照，告诉我怎样和社区合作完成保护工作。凯尔文 · 塔克塔、菲尔 · 塔巴斯、丹尼斯 · 沃尔科夫、肯特 · 吉尔吉斯和苏珊娜 · 凯斯以他们的远见和对协会使命的献身精神感染着我。汉斯 · 波尔以其创造力和追求完美的执著为本书中提到的多个保护项目担当律师。肯特 · 沃麦克教会我树立远大的理想。约翰 · 库克在我来到缅因州时凭直觉雇佣了我，而且在机构的数次重组中，一直指导着我。

TNC 和其他机构的支持，特别是亨利 ·P ·肯德尔基金会和道伦斯 ·杜克慈善基金的支持，让我能够成为这项伟大事业的一分子。衷心感谢TNC中每个能力出色的员工对我的指点，特别感谢杜克大学的彼得·豪威尔（现任职于开放空间学会）和肯德尔大学的泰德·史密斯，感谢他们早期对我工作的坚定支持。谨以此书感谢他们的努力工作，但本书内容和建议均代表个人见解，不表示已经取得了他们或董事会的赞同。

没有安妮·伍德的帮助，也不会有这本书的诞生，她早期的耐心编辑帮助我免于陷入语法和文字的泥潭；还有克里斯托弗·鲁宾逊，他绘制的插图为本书增色不少。

在我的职业生涯中，关爱我的朋友和家人一直在呵护着我、支持着我。史蒂文和卡洛琳·海德在我刚来缅因州的日子里将他们的卡车借给我，让我能一趟一趟清运废物，30 年来，我们已经成了至交。我的姊妹安娜和岳母埃莉诺是我永远的朋友和忠实支持者。还有沿海企业有限公司的罗恩·菲利普，他对平等、社会公正和可持续发展的热衷始终鼓舞着我。我的子女伊莉莎和威尔看问题时总能开门见山、入木三分，我很是欣赏。我知道作为孩子，你们无法选择你们的爸爸妈妈，但是有你们作为我的家人让我深感幸福。

28 年来，每当夜深人静，我伏案工作时，总有一个人在默默陪伴。朱恩·拉孔布，我的朋友、至交、伙伴和道德榜样，感谢你在很久以前就喜欢上了我做的大黄派，并且让我走进你的生活。

目　录

引言 大自然的尺度

现在，我们不应满足于保护运动已经取得的成功，而是应当联合我们新的合作伙伴，利用我们已经拥有的巨大资源和能力，共同开创新的保护思路和保护模式。这是一个非常艰巨的任务。

——彼得·福布斯等《Coming to Land in a Troubled World》

对于开花植物来说，虱子草太普通了，一尺来高，开着不起眼的小黄花，主要分布在新英格兰北部河流的沙石滩上和冰块堆砌的河岸上。20 世纪 70 年代早期，在缅因州偏僻、曲折的圣约翰河上建造迪基·林肯大坝曾引发争议，虱子草的保护成为问题的核心之一。一方面，支持建坝的人指出，虱子草的存亡微不足道，而《濒危物种法》也不过是吹毛求疵。另一方面，反对建坝的人则强调虱子草作为健康河流系统中生物多样性重要成员存在的价值。最终，大坝项目下马，而其中部分原因是人们就建坝对虱子草的影响莫衷一是。甚至到 30 年后的今天，虱子草事件的先例仍旧是保护濒危物种决策的核心问题。

保护虱子草不被迪基·林肯大坝的蓄水所淹没只是圣约翰河保护故事的开始。20 年后，TNC 从国际纸业（IP）以惊人的数额——3 600 万美元购买了圣约翰河源头将近 8 万公顷土地，震惊了整个行业和政府官员。从没有人尝试从私营部门募集如此巨大的一笔资金用于保护工作，但 TNC 缅因州办事处的执行董事肯特·沃麦克讲述了这个故事："当我们得知 TNC 有机会买下这块地时，我们面面相觑，思量着是否有些自不量力？但当我们再进一步思考后，我们意识到真正的问题是我们没有理由不买。"

过去 5 年中，一系列的土地交易、土地管理权买卖促进了超过 240 千米河岸线和 24 万公顷土地的保护工作。因为规模惊人，圣约翰河项目在环保圈子里成就了一个传奇，已经成了衡量其他许多景观尺度保护项目的标准。

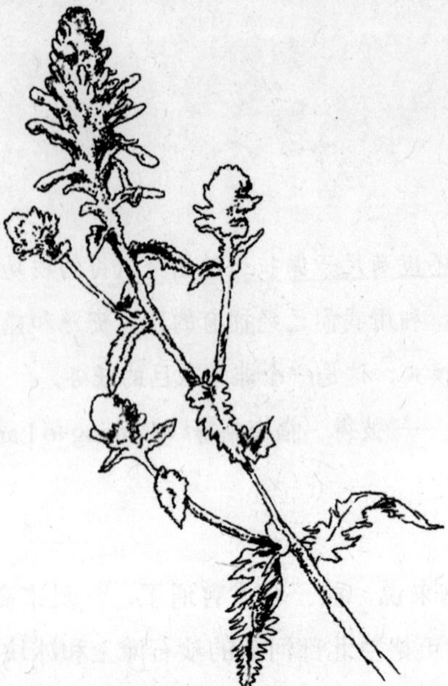

图 1 虱子草

尽管作出了巨大的努力，尽管投资超过 5 000 万美元，维持虱子草在较长时间内的存续始终是一个难题。圣约翰河与北美诸多河流比较起来，非同寻常，向几乎正北方流淌，一直延伸到加拿大边境。向北的流向表明这条河南部源头春天来得更早些。融化的河水向北流淌，常常会遇到冰块拦阻，发生大规模凌汛，冰凌冲击着没有大型植被的河岸和沙石滩。正是这种生态环境，使虱子草得以在与悬钩子、桤木和云杉的竞争中胜出、存活下来。如今气候变暖，温度上升约 5～8（摄氏）度的情况下，冰块将持续减少，这是否会危及虱子草的生长？近期美国林业局的模拟显示：新英格兰的森林在变暖的气候环境中发生了重大的变化。下个世纪，代表缅因州形象的云杉和枞树林，其边界在多数地区会向北后退至加拿大边界北部。圣约翰河可能成为美国的云杉和枞树林最后的堡垒。

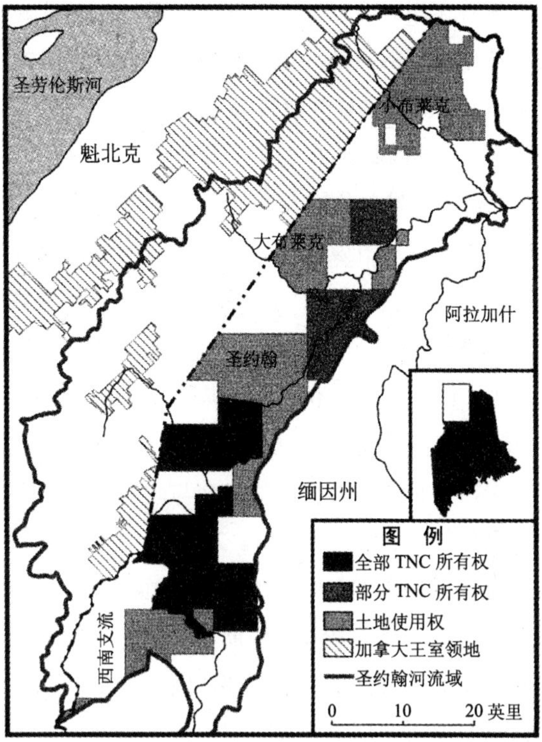

图 2 缅因州圣约翰河

要消除对生态系统大尺度上的威胁，如气候变化，对保护工作而言极具挑战性，因为解决这个问题需要新的技术、培养新的能力，复杂程度远远超过简单的土地收购。我们需要考虑人的因素，考虑人对景观产生的作用，还有将我们凝聚成社区的各种体系，包括政府、商业、企业，以及指导着我们如何利用资源的文化和人类价值观。

对保护主义者来说，问题是显而易见的。在自然的尺度上工作非常重要，仅在小块土地上竖起栅栏救不了虱子草，仅保护 24 万公顷土地也救不了虱子草，甚至缓解来势汹汹的气候变化也不一定能挽救更多的濒危物种。只有在各种保护尺度上取得胜利，虱子草和上百万的其他植物、昆虫和动物物种，无论是个性十足的露脊鲸，还是微不足道的小蚂蚁，才能真正得到保护。

在自然尺度上工作所遇到的巨大挑战是：与之相冲突的另一个体系也

在全球范围内发挥着作用。企业和商业的影响势不可挡，越来越多地主宰着文化、政治，甚至我们的自然环境。如果我们没有准备好应对全球经济的发展方向，保护工作最终会以失败告终。

自 2000 年开始，美国新建了 310 多万栋住宅[1]。最近 15 年来，因建设住宅造成的林地减少数量十分惊人。北卡罗来纳州已经失去了 40 多万公顷森林，森林被砍伐，变成开发用地，在这段时间里，缅因州郊区将近 8 万公顷土地被开发利用[2]。仅 2002 年，美国这个经济引擎就创造了总值达 11 万亿美元的产品和服务[3]。美国和世界上其他经济体存续的基础都源自对自然资源的消耗，包括土地、木材、土壤和水。在一个人口从 50 多亿迈向 90 多亿的世界里，自然体系的压力越来越大了。

然而在现实中，保护所需要投入的资金与政府及非政府组织（NGO）能提供的资金之间存在一个很大的缺口。2005 年，美国政府为各类保护区的投入仅为 3.14 亿美元，用以扩大各类保护地的面积[4]。一些组织，如 TNC、公共土地信托和保护基金等，从私人捐助者手中募集数亿美金，两倍于政府的投入。但两者相加，金额仍远远不够。我们必须考虑生物多样性热点地区的境况，如巴布亚新几内亚和印度尼西亚。当地众多民众仅能维持最低的生存标准，而政府则疲于应付经济、医疗卫生、教育方面的各种危机，鲜有精力考虑在自然保护上花钱。在经济发展的需求面前，保护的手段显得单薄、无力。

这些情况可谓司空见惯，也容易让人气馁。然而就在这样的背景下，一小部分孜孜以求的商人变成了环保企业家，变成了着眼于自然保护的投资银行家，他们与企业合作，率先采用了一套以市场为基础的全新保护策略和方法。这些人远见卓识、求真务实，已经保护了上百万公顷土地；让整个环保界焕然一新；他们启发农场主、森林所有者和牧场主改变经营行为以维护生态系统的健康。

本书关注的就是这些新方法。这些保护工具植根于商业理念、经济规律和行为动机，有效并且实用，且已经证明能够促使企业界在自然的尺度上应对环境问题。

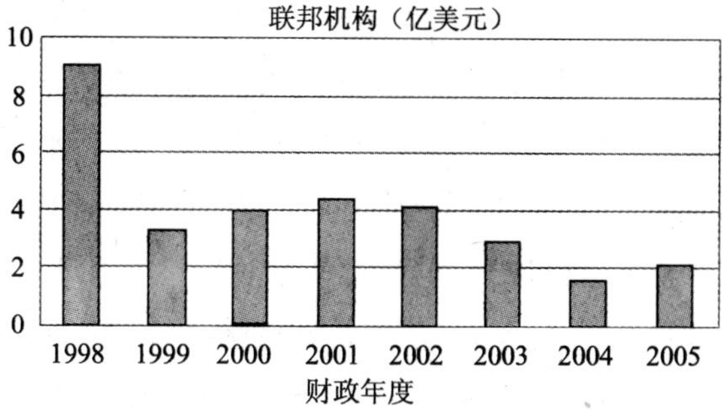

来源：杰弗里·津恩，资金流，第 4～10 页。

图 3 联邦土地保护开支

这本书涉及的许多观点，我早在 1976 年就开始了思考。那时我正在缅因州管理一个公众公投活动，公投的内容是要求啤酒和软饮料的包装必须能够回收。针对大批资金雄厚的超市和饮料公司，我们展开了一场艰苦卓绝的斗争。这些企业的资金，相当于我们这样的“草台班子”所能募集到的资金总额的 15 倍。尽管资金实力严重不平衡，但此项立法以缅因州有史以来最多的公民赞成得以通过。第一年的实施过程中，5 亿多个瓶瓶罐罐在垃圾场和路边以外的地方找到了用武之地，而这一切都得益于五美分激发的动力。五美分，在今天显得如此微不足道，但在立法实施 20 年后的今天，缅因州超过 90%的包装罐得到回收和再利用。微不足道的经济激励手段取得了实实在在的效果。

逐渐地，保护主义者把激励作为主要工具，鼓励企业改变习惯，致力于可持续的资源管理。这些工具不仅仅依靠法规，同时还依靠消费者越来越高的环保意识来实现效力。目前新的关注点包括：以可持续方式合法采集、生产的绿色产品，奖励环保投资的免税和减税政策，以及旨在鼓励企业在经营和投资时保护生物多样性的一套新的金融激励手段。

新的保护手段远不止于此。还有一部分投身保护事业的投资银行家正在集中具有保护意识的个人和机构的捐款。这些投资者正从破产的企业里购买可用于保护的地产，为实现保护目标而进行公司债务重组，他们还与具有环境责任感的投资者合伙购买大面积的农场和森林，以避免这些农场和森林被开发利用，沦为盈利驱动型的土地。

1976年，我们大可为缅因州变废为宝的瓶子押金法而骄傲。但实际上，缅因州所有得以回收的瓶瓶罐罐占废物总量的3%还不到。尽管这可以算得上是一个不小的胜利，但较之需解决的环境问题，还算不上大手笔。几年以后，我再次有机会从事废物处理的工作，但身份变成了商人。这次的经历让我看清了资金、企业家和企业界影响事物变化的力量。

和我的许多同辈一样，10 年前我就已经来过缅因州，对斯科特和海伦·尼尔林想象中的小农场和生机勃勃的农村社区满怀热情。那时我在担任缅因州奥杜邦鸟类保护协会的执行总裁。我的办公室工作非常忙，但我和我的妻子一直有一个美丽的梦想，能够住在山坡边上自己的小农场里，在那儿剪羊毛，纺毛线，春天给可爱的小羊羔接生，任何有点钱的人都可以来买我们的农产品。终于我有机会经营离家不远的一块约 22 公顷的土地。在耕耘和播种的第一年里，我们辛勤的田间劳动几乎没有带来什么可以炫耀的成果。原因似乎很简单，但凡有过一点农耕经验的人都会告诉我们：庄稼矮小的原因是土壤酸性过大。这是多年来忽视土地保护的结果。最后，一位好心人把我叫到一旁，建议我去买石灰。我这才如梦初醒。每公顷土地需要 12.5 吨石灰，22 公顷土地总共需要 7 000 美元，这个数目超过了我们年收入的一半！

几天后，我注意到报纸上一篇关于一家锯木厂的文章，锯木厂归 S.D.华伦公司所有，就在附近。文章说这家工厂一台新的烧木屑的锅炉已经投入使用，用来焚烧锯木厂的废料。以往的经验告诉我们从锅炉里出来的木头灰烬撒在园子里能增加土壤肥力。我们能搞到这些木灰么？量够么？

我碰巧和这家锯木厂很熟。在缅因州南部生活的人都是闻着华伦锯木厂的味道长大的。多年以来，这家公司始终保持着承担支付冲洗汽车上的烟灰和重新粉刷房屋所需费用的做法，这样工厂才能和附近的社区相安无事。有趣的是，我在缅因州奥杜邦学会的第一份工作是处理破了包的石灰和托台，石灰和托台都堆在 Presumpcot 河边一块突起的空地上，公司在夏天的时候把这里当作直升机停机坪使用，从这儿往河岸上撒石灰消除锯木厂污水的异味。我给锯木厂环境事务主任雷·列宾打电话时，他的声音听起来既困惑又沮丧。“是的，我们有木灰，很多，一年就差不多有 3 万立方米。”他还告诉我说，如果得到许可，把这些灰运到马萨诸塞州得花 500 万美元。

就在那年春天晚些时候，一辆辆卡车满载着“生态灰”开到了我的家门口，木灰被犁进我们的地里。这次小小的尝试效果不同凡响。在上一年枯草几乎难以存活的地方，长出了厚厚的草坪。很显然，我们的尝试打开了一扇崭新的门。

那年秋天，我们去考察锯木厂，和工厂的管理人员开会评估这个项目。锯木厂经理对此次合作表示赞赏，但对派工人到社区寻找有类似我这样需求的农户并不感兴趣。当晚我回到家，告诉妻子我有了一个想法：寻觅感兴趣的农户，把废物当肥料使用。我辞掉奥杜邦工作的第一年，我的新公司——资源保护服务有限公司毛收入仅 24 000 美元，10 年后，我们销售的各类废料总额已达 850 万美元，业务不仅在缅因州，还包括新英格兰和纽约大部分地区。

第一年，我们从一家锯木厂回收的废料量就相当于回收包装法实施后 100 多万人所收集废品的总量。1992 年，我把公司卖给一个大型固体废物公司时，我们每年能够回收 76.5 万立方米废品，利润颇为丰厚。这个量是我之前 10 年中从事政策工作、法案公投和立法所取得成绩的 25 倍还多。企业家、民间资本和市场力量所能够成就的事务远远超过我最初作为一名“菜鸟级”环保主义者的想象，我对此深信不疑。

但进行保护工作并不只停留在新的激励或者投资方式上，另外一批企业家已经着手建设全新的环保产品和服务市场了。他们的梦想是要让森林保护项目为他们带来碳汇。企业家们已经开发了自然资源“银行”，银行里的货币不是钱，而是草、水和木材资源。保护主义者启动了有力的新方法，推动企业参与到生物多样性保护中去。

与任何新领域一样，这是一个渐进的过程，不是所有的保护方法都很完美或者都能奏效。的确，我也会谈及失败的案例，希望我们能够从 TNC 弗吉尼亚东海岸公司的尝试和我自己在南太平洋地区的可持续林业工作中学到一些东西。所有的企业家都知道，失败的风险总是存在的，否认这一点无外乎自欺欺人。我们应该从错误当中学习很多东西，我们必须在什么有用，什么没用的问题上实事求是。

从卖掉公司到现在，10 多年已经过去了，现在我又活跃在保护领域。

这次我的注意力集中在一套能够实现自然保护的新方法上。我的想法很简单，市场和以市场为基础的保护方法对老的土地保护是一种有力的补充。在公共资源急剧减少、慈善基金也日益匮乏的时代，这些新方法在企业中已经锤炼并验证了多年，经过越来越多的保护主义者企业家的改善，探索了一条达成生物多样性目标的新路子。

但推动企业参与自然保护不在于能够精明地安排土地交易，最重要的是要认清我们保护自然的根本目的是什么。我们这颗星球的未来危如累卵。社区总是围绕经济体系建立，这是人类的天性，我们无法抗拒。人类作为一个特殊的物种，我们的兴旺依赖于互通有无，共享产品和服务。为了生存而形成的合作使我们区别于其他物种。我们的未来取决于我们是否能利用这些技能改善生活质量，加强人和地球自然体系之间的联系。我们还有另外一个选择：疯狂地挥霍日益枯竭的自然资源。合理激励、合理规划的商业模式最有可能成为我们的保护利器，以创造并维持一个与这个星球上其他物种和谐相处的社会。

在以下的章节中，我分四个部分探讨与企业合作的新工具。在这四个部分的各个章节中，我会根据我或同事研究的实际案例提出一些实用的土地保护新观点。我的目的不仅是要剖析企业应该怎样看待保护决策，还要探讨如何构思并实施这些战略的实用技巧。

在第一篇“保护投资银行”中，我将探讨与民间资本的合作关系、保护贷款和熟练运用取得了骄人保护成果的投资银行等问题。投资银行的实质在于为企业成长谋求资金和配置资金。安排贷款、公司并购、投资或创建新公司及合伙公司以赢得市场先机，这些都是投资银行的交易工具。保护投资银行业务是新的专业领域，和有社会责任心的投资类似，主要是利用资金达到保护效果，并且满足企业需求。

在第二篇“创建新的环境市场”中，我们会着眼新的用于保护上千万英亩土地的生态系统产品和生态系统服务市场。话题从在当前这个充满变数的后《京都议定书》时代利用碳汇保护森林，再到自然资源“银行”的创建——草银行、森林银行和水银行，都围绕着土地保护目标展开。

第三篇的焦点问题是“激励”的概念。在本章中，我们来看看满足客户对可持续采伐的绿色产品的需求是如何使一些全球最大的公司转向新的以保护为导向的土地经营实践的。我们还要探讨鼓励企业保护自然的免税和减税问题。最后，我们要看一下保护工作的物质激励，也就是和保护经营相关的奖励和补偿，鼓励企业和土地所有者保护濒危物种，进行野生生物保护实践。

在第四篇“前方的路”中，我们探讨一些失败的案例，这些事例虽然没有达到环保人士的预期目标，却给了我们可贵的启发。其中的案例之一涉及 TNC 在弗吉尼亚州采取的颇有争议的兼容开发模式，这一模式已经经受了新闻界和捐助者的审视。我们还要退后一步，以便更好地看清十年来新的保护战略在佛蒙特州北部阿巴拉契亚山脉、新罕布什尔州和缅因州西部取得的成绩。

就像 E.O.威尔森所说的那样：“虽然挡不住势力强大、奉行科技的资本主义，但其发展方向却可以改变。”[5] 本书讲述了保护自然资本——土地、水、生物多样性的全新方法，它改变了保护机构和企业的努力方向，同时颂扬了这种创新精神和创造力，以及二者所产生的变革力量。

表 1　市场保护工具指南

		页码
保护投资银行		
为自然保护转债	卡塔丁山项目，缅因州	32
与民间资本合伙	塔格山，纽约	12
	康涅狄格源头，新罕布什尔	20
	春河，缅因州	23
	田纳西高原，田纳西	22
为保护项目贷款	鱼标签，缅因州	48
	卡塔丁山项目，缅因州	32
对环境和社会负责任的投资者	Lyme 木业公司	51
	保护森林合伙公司	52
与破产/败诉公司合作	瓦尔迪维亚海岸项目，智利	40
	特立亚姆、火地岛，智利	44
创建新的环境市场		
碳与森林	诺尔·肯普夫，玻利维亚	56
	中西部森林恢复项目，印第安纳州和俄亥俄州	62

		页码
草银行	马尔佩边境地区，新墨西哥州	69
	哈特山，哥伦比亚州	71
	斗牛士草场，蒙大拿州	70
水市场/权利	Alcoa-FERC 项目，田纳西	74
	Stillwater 国家野生生物保护区，内华达州	73
	克林奇河谷，弗吉尼亚州	75
	激励	
绿色消费者	印度尼西亚非法采伐项目	78
	加拿大北方森林计划	80
	大熊雨林	81
	时代纸业有限公司，缅因州	84
免税——国家倡议	卡尔达和布里奇沃特水务公司，康涅狄格州	87
新市场免税	TNC-CEI 合伙项目	92
联邦激励	农业法案项目	101
	土地所有者激励项目	100
	濒危物种安全港协议	101
	前方的路	
兼容开发活动	弗吉尼亚东海岸有限公司	114
生物多样性支持网络	约瑟夫斯托森林项目，巴布亚新几内亚	118
景观尺度活动	北部阿巴拉契亚生态区，缅因州、佛蒙特州、新罕布什尔、纽约，加拿大滨海诸省、魁北克	122

第一篇　保护投资银行

1 与大型木业机构合作

记录清楚地显示：仅靠慈善机构，保护工作无法取得胜利。但通过规划良好的自我利益追求，还有取得成功的机会。目前面临的挑战是要改变游戏规则，从而产生新的环保动力，满足社会的长治久安和个人的利益。

——格瑞辰·戴利与凯瑟琳·艾莉森《新自然经济》

当国际纸业（IP）大规模出售林地的传言传到新罕布什尔州首府康科德的时候，引起了州长吉恩·萨赫恩的注意。这片将要出售的林地占该州总面积的约4%，这样大规模的土地销售必定会受到关注，而且新罕布什尔州北部农村脆弱的经济已经受到了影响。几个月以前，这家造纸公司在柏林和高汉姆的工厂申请了破产，而且已经关闭。100 年来，机器第一次闲置一旁，1 000 多工厂工人和林业工人失业，极大地破坏了当地的经济。林地出售恰恰发生在形势最坏的时刻。

州长和颇有影响的美国资深参议员贾德·格雷格很快就行动起来，在国际纸业的康涅狄格州斯坦福办事处召集了一次高层会议。仍旧是东北部最主要的土地和工厂所有者的国际纸业意识到，不和新罕布什尔州合作会产生很严重的政治副作用，因此他们很不情愿地把销售计划搁置了几个月。州里指定一个社团来主持这次谈判，这个社团由公共土地信托（TPL）领导，由保护人士组成。

土地的价值评估超过 3 000 万美元，几乎没有一个保护组织能买得起这块地，正卷入教育资金激烈争议中的州政府也没有能力预付这笔巨款。此外，当地社区还担心一旦将这片森林给了保护组织，将会降低森林的效益，出于保护目的，他们可能改变长期以来当地人在森林里开展雪地汽车娱乐和打猎的历史，让已然很不景气的林业经济更加衰退。

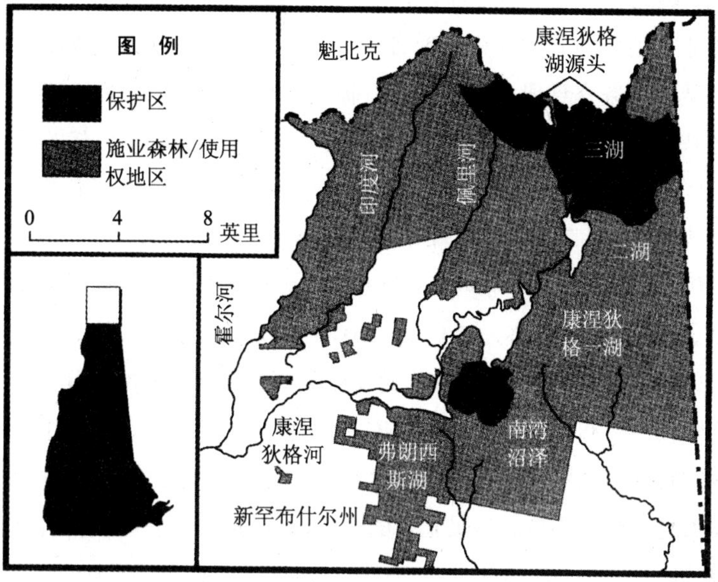

图 1.1　国际纸业的康涅狄格源头保护地，新罕布什尔州

关系到这块地未来的谈判是一场持久战，最终演变成了一次不同凡响的合作，这种合作关系能够同时满足当地社区多方面的需要——认同林业经济这一有史以来传统的作法，同时捍卫保护主义者强调的生物多样性的资源价值。这次合作中最主要的合伙人有 Lyme 木材公司管理的一家私营投资集团；头脑灵活、能力非凡的本州的保护组织新罕布什尔州森林保护学会；主要从事保护区和生物多样性保护工作的 TNC；以及长期从事休闲场所开发、确保可经营景观可持续经营的 TPL。

事实证明，让 TPL 主持这个让人精疲力尽的谈判是一个正确选择。和社区合作是新罕布什尔州北部面临的主要挑战。在过去十年中，TPL 在威尔・罗杰斯的领导下，一直在将工作重点从“交易”转移到以土地保护作为手段，加强、恢复独立社区的健康运转。罗杰斯说：“我们应该意识到我们的工作不是要保留某个地方，而是要把人类，还有和我们共同生存着的物种在生物之网中保留下来，是要帮助人类找到另外一种生活方式。”[1]

社区成员感到了不安。一方面，他们不希望被这些问题困扰，他们已经满足于现状，害怕外部利益的进入让他们无法维持生计。另一方面，他们也意识到这种变化是不可避免的，社区遇到了塑造自己未来的良机。TPL有一位非常能干的北部乡村管理者——大卫·霍顿，还有一位聪明伶俐、能言善辩的林务官查理·列维斯科，他受聘担任当地的项目经理，与项目同呼吸共命运，摸爬滚打了将近一年，与当地各方建立了信任关系。了解这个社区的过程颇为漫长，团结起这样一个政治联盟最终带来了几百万美元的合法拨款和 1 200 万美元森林遗产投资。

2003 年 3 月交易结束时，Lyme 木材公司筹集了 1 200 万美元民间资本买下了 5.7 万公顷森林；TPL 以 1 500 万美元买下了这块林地的使用权；TNC 也买下了 1 万公顷土地作为野生生物管理区域，500 多万美元的款项随后转账到新罕布什尔州政府，TNC 保留保护地管理权。利益相关方的可持续保护解决方案需求促成了这次交易，从与国际纸业谈下来的批发价中，各合伙机构都获益不少。但最重要的是，Lyme 的民间资本投资决定了交易的资金状况。

规划中交易的财务状况显示：交易对 TPL——合伙企业的领导者构成了巨大的挑战。因为国际纸业的时间有限，交易结束前各方没能就林地管理权达成一致意见。此时霍顿说服 Lyme 先垫付买地的款项，说好在最终评估土地管理权之后再多退少补。这样非常有利，因为土地管理权的细节问题，谈判持续了几乎整整两年，卡在土地管理权问题上的土地最终转让给了 Lyme。这样既节省了 TPL 的商业贷款成本，也为 TPL 赢得了按照时间安排根本不可能完成的交易时间。对 Lyme 来说，得知树木存量在增长，在贷款期内就能取得回报让他们倍感欣慰。

康涅狄格源头的交易并不是一个与民间资本合作的孤立案例。保护主义者建立合作关系的机会很多，而且不断增加。经营森林的企业经历了一次前所未有的所有权突变，突然之间上千万公顷土地即将出售。有的州超过 35%的土地在过去 5 年中已经被转让出去。重要的转变是，很多新的与民间资本达成的保护协议已经签署完毕。保护组织和政府资金紧张，因此和民间资本的合作已经成为一种必然。

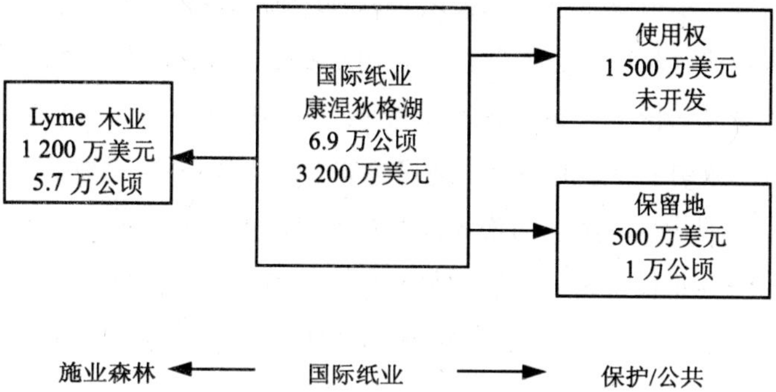

图 1.2　康涅狄格源头：土地权的价格

20 世纪 90 年代初以来，出现了另一种情况。注入木材投资和经营机构（TIMO）、房地产投资信托（REIT）的资金已经超过了 200 亿美元。仅 2003 年，这些新的联盟就投资了 40 亿美元用于购买美国的 210 万公顷林地[2]，大部分资金来自养老基金和捐款。投资工具的诞生是金融史上非常引人入胜的篇章。到 20 世纪 80 年代，造纸企业占有了这个国家绝大多数商业林地。土地被视为这些企业在邻近地区造纸厂的重要纤维供应源。几家大型公司开始意识到他们虽然拥有数量庞大的林地资产，但却被那些只看重减少林业股份公司运营成本、对增加利润却不感兴趣的造纸厂所控制。国际纸业和乔治亚-太平洋是最早以独立商业企业建立林地控股公司的，他们希望造纸厂和森林都能为他们创造利润。

随着经营战略的微妙变化，出现了两个重大的趋势。一是，森林经营者不再指望造纸厂提供投资资金，他们必须经营森林挣钱。一些人悄悄地卖了那些离市场较远或者树木生长缓慢的非战略性土地资产。当然，卖地给开发商也能创造效益，特别是湖边的土地，这样也不会严重影响木材供应。

二是，不用再购买木材纤维的造纸厂经营者发现，在全球市场上，进口的纸浆和别的土地所有者出售的纤维价格往往更低。主要产品企业的资深经营者公开质疑保留自己的木材纤维来源是否还有意义。为什么不买最便宜的纤维或纸浆，从而提高企业利润和股东持有的股票价值呢？

恒康寿险公司猜透了这个谜局之后，就积极地投入了所有权转让交易。他们建立了恒康木材资源公司，通过一种占有林地的新方法——建立有限合伙企业。这个创意的背后是对传统造纸企业的清醒认识，造纸企业需要支付高额的税金，股东分得红利时还要再次纳税，从而导致企业土地所有者白白缴纳了多余的税金。通过建立有限合伙企业，“被动”免税的投资者，如养老基金、大学捐赠和基金会等就能直接从林地当中取得收益。拥有林地的企业利润因为节省下来的税款而跃上了一个新台阶，收益增加了 20%～35%。这样就不需要再砍树了。几乎是一夜之间，大量的资金来源开始寻找有限合伙企业进行木材投资。

表 1.1　主要林地所有者

1981 年			2004 年		
公司	万公顷	种类	公司	万公顷	种类
国际纸业	279.2	传统	Plum Creek	326.2	REIT
惠好公司	238.8	传统	国际纸业	291.4	传统
乔治亚-太平洋	186.2	传统	惠好	275.9	传统
圣瑞吉*	129.5	传统	森林资本协会	94.7	TIMO
Champion*	131.5	传统	Mead Westvaco	93.9	传统
Boise Cascade*	125.5	传统	Temple Inland	85.0	传统
斯科特*	115.3	传统	Rayonier	80.5	REIT
大北方*	113.3	传统	GMO	64.7	TIMO
Bowater	80.9	传统	Forestland 集团	62.3	TIMO
皇冠*	80.9	传统	塞拉-太平洋	61.9	传统
联合坎普*	68.8	传统	Potlatch	59.4	传统
钻石*	64.7	传统	森林投资协会	58.6	TIMO
Mead	62.7	传统	恒康	51.2	TIMO
Time*	60.7	传统	Regions M Keegan	44.5	TIMO
柏林顿北方	58.6	传统	Molpus Woodlands	42.5	TIMO

注：*现在已经不再拥有大面积林地或者不再以独立公司存在的企业。
来源：1981 年数据来自《爱尔兰 2004》；2004 年数据来自《林地市场》，作者修改的最近销售量。

节税的好处在建立 REIT 的过程中扮演了非常重要的角色。REIT 建立之初是为了让拥有不动产的企业能够在股市上进行股票交易。和有限合伙企业一样，不是 REIT，而是收入的最终接受者来支付税金。早期 REIT 的目的是吸引商业地产投资，包括购物中心和写字楼等，但一个拥有很多土地的铁路公司——伯灵顿北方公司里一群精明的商人意识到 REIT 的策略同样适用于购买林地。股东能够取得税收优势，如有限合伙企业，还能在市场上买卖股票，不需要出售林地就能取得回报。今天，梅溪——前身为柏林顿北方公司，作为 REIT 已经是美国最大的林地所有者了，拥有 320 多万公顷的林地。因此，凭借有效的新税收结构和提高了的对传统造纸业的认识，即纤维供应与土地所有权能够分开，美国的林地竞争开始了。

五年前，还没有一个 TIMO 或者 REIT 会出现在 15 个最大的林地所有者名单上，今天对于投资者来说，主要的卖家仍旧是传统的行业土地所有者。国际纸业在 2000 年拥有 445 万公顷土地，现在已经被最大的森林所有者梅溪一点点吞并了。

传统的土地所有者与新生投资者之间的主要区别是投资者持有土地的时间相对较短。2003 年，新投资者梅溪、坎贝尔和恒康成为最大的买家和卖家。TIMO 合伙企业的寿命通常为 8～12 年，他们的退出战略就是售出土地。养老基金是 TIMO 最大的资金来源，法律要求必须给领取养老金的人最高的利润回报，这笔钱通常要通过分割土地或开发价值高的沿岸土地取得。

这是一个新兴的行业，所以在转售过程中，不能完全达到保护效果，但我们有两个很恰当的例子能够说明原因。2002 年，“恒康木业”把 20 万公顷土地卖给了加利福尼亚州养老金巨头 CALPER。CALPER 用很多年才分批买下了这块地，然后又分成很多块转售。同样，国际纸业出售土地时采用的方式很像 TIMO。2003 年，国际纸业建立了一个叫做“蓝天”的新公司，在去年惊人的 548 次独立交易中售出了大约 36 万公顷土地。[3] 对于保护主义者来说，这种趋势非常麻烦。随着持有的财产被分得越来越小，出现了大量的开发、清算采伐和侵权行为。

然而正是这一趋势创造了不寻常的保护机遇。和过去行业所有者藐视保护组织不大一样，新的所有者将保护组织视为主要的土地买家。实际上，保护利益集团是 2003 年美国第四大林地买家。[4]

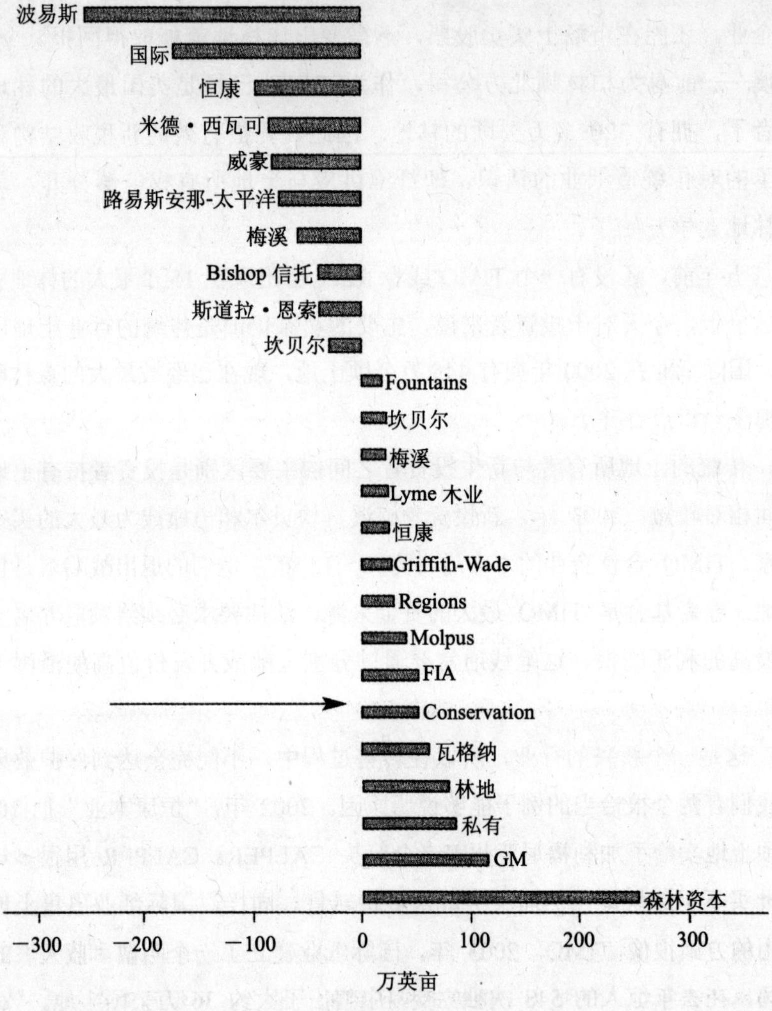

来源：《林地市场》，2004。

图 1.3 林地的主要买家和卖家，2004

表 1.2　主要 TIMO 和 REIT 机构投资者

事业单位	福尼加利亚州公务员退休系统（CalPERS） 俄亥俄州教师退休系统 华盛顿州投资委员会
私营计划	教师退休基金会（TIAA-CREF） 通用汽车 达美航空 联合包裹服务公司
基金/捐赠基金	哈佛大学 霍华德·休斯医学研究所 耶鲁大学

来源：选自 Nadine E. Block 和 V. Alaric Sample，工业林地的剥离与投资，第 10 页。

保护主义者的中心问题是要避免成为小面积地块的溢价零售买家，而同时掌握大量资金的精明 TIMO 买下市场上大笔地产，从而掌控了地产的未来。解决的方法很简单，但却不容易实施。保护主义者及其同盟需要准备好购买具有较高保护价值的大面积地块的资金。这样保护工作就能够控制交易，决定最终土地利用的优先顺序。但购买大面积地产可能是一个让人感到恐惧的命题。2003 年，成交价最高的交易是坎贝尔集团为 Mass PRIM（一项养老基金）以 4.01 亿美元收购的林地，是年还成交了另外 10 笔金额超过 1 亿美元的交易。

集中保护资金投标大项目较为可行，TNC 以 3 500 万美元买下了圣约翰，“保护基金”以 7 200 万美元买下了纽约、佛蒙特和新罕布什尔州 12 万公顷的“冠军国际”项目，这些都足以证明上述观点。但对于大多数土地信托机构来说，这种大项目让人望而却步，也不常有，部分原因是国际纸业的康涅狄格源头交易和数十个类似交易中形成的新模式使然。在这种新的合作模式中，保护组织和个人投资者共同购买地产，分担风险和收益。在康涅狄格的交易中，通常为土地管理权所困的土地上，可经营的森林会转让给投资者，而重要的保护资产会被留下，双方都能受益于交易批发价格。

TNC 收购缅因州圣约翰 7.5 万公顷土地时，个人捐助者为 TNC 提供了全部 3 500 万美元资金。今天 TNC 拥有那里的全部地产，还有 3.8 万公顷的林业示范项目，主要从事生物多样性的管理工作。从国际纸业收购同等规模的康涅狄格源头花掉了 3 280 万美元，但这并不是所有的费用，私人投资者花 1 200 万美元买下了当地的伐木权，这为 TNC 节省了超过 1/3 的保护资金。以下是两次交易的对比。

表 1.3　康涅狄格源头和圣约翰收购的比较

圣约翰地产，缅因州 3 500 万美元，7.5 万公顷	国际纸业康涅狄格源头 3 300 万美元，6.9 万公顷
正面意义： 保护工作决定的交易，TNC 拥有管理全部地产的灵活性 TNC 每年有来自木材收入的 100 万美元“捐赠”	正面意义： 保护与当地经济需求决定的交易 保护资金只够 65%的交易成本 经营土地上林木的成本来自私营投资者
负面意义： 100%资金来自保护捐助者 TNC 从事非战略性保护资产的木材业务	负面意义： 保护方案在最初受阻——降低了未来的灵活性 木材采伐经济影响了保护区定位、管理经营权状况 木材收入不能支付保护费用

很多时候，是以私人资本将土地全部买下还是分批购买是个学术问题。没有私人资本，大多数土地信托机构无法承担这些巨额项目的财务风险。费用如何分担必须高度明确。国际纸业的康涅狄格源头项目中，TNC 想买下至少 1 万公顷保护区，并且愿意筹集这笔款项。因此比起单纯的土地管理权交易，资金更多地倾斜保护工作。私人投资者资金的筹集结果取决于森林采伐的收入、土地上林木存量、本地木制品市场、采伐和开发的保护限制等。

国际纸业的源头交易先于一些规模较小却同样有趣的交易，如夹在纽约州阿迪朗代克和东部安大略湖之间的 TNC 塔格山项目。塔格山因冰雪覆盖而著名，年平均降雪达 762 厘米，降雨 139.7 厘米。TNC 长期以来一直关注着恒康木业的 1.8 万公顷土地，这块地恰恰位于北部阔叶林景观的中心地带。塔格山还是纽约州最贫困的地区之一。卡内基和洛克菲勒在阿迪朗代克边境休闲度日的时候，仅数年时间，塔格山就已经吸引了一些游客，甚至募集了一些善款，虽然数目不大。可见要实施收购，有效利用保护资金、吸引公共基金是至关重要的。

下面谈谈交易形成的过程。TNC 以 910 万美元从恒康木业买下了全部地产，留下中心地带 5 260 公顷作为保护地，另外还有纽约州持有的地产，共同形成了 1 万多公顷的保护区。纽约州得到了 550 公顷狭长地带的所有权，这块地侵占了超过 13 千米的鱼溪东部支流，鱼溪是塔格山最大的河流之一，也是北部几个城市的饮用水源。1.2 万公顷土地的余款受困于一片施业森林的土地管理权问题而无法支付，最终转卖给了“再生资源有限责任合作公司”——老牌波士顿基金管理集团 Grantham Mayo（GMO）经营的一家合伙公司。GMO 是在最后一刻才介入交易的；另一家木材投资公司在第 11 个小时选择退出，因为他们得出的最后结论是：因恒康及其前任——Lyons Falls 纸业近期在这块土地上进行了大规模采伐，短期内这块土地的收益会非常微薄。在了解木材买家的动机和买家与投资者之间的差异方面，这是一个教训。GMO 的投资者对长期存量增长和未来收益更感兴趣，较少关心当前收益。这样的投资权衡没有“正确”答案。比较那些周期更长，但可能回报更高的资金增值战略，有的木材投资基金专注于短期利润。随着木材投资行业走向成熟，我们会看到企业会根据投资者需求创造出不同的投资产品，很像现在信托基金公司采用的方法。塔格山交易的财务状况见表 1.4。

表 1.4　鱼溪项目——纽约州塔格山

购买	成本	项目成本百分比
TNC 土地（5 260 公顷）	240 万美元	26%
纽约州土地管理权（1.2 万公顷）和鱼溪走廊（550 公顷）	310 万美元	34%
GMO-RR 可经营森林（1.2 万公顷）	360 万美元	40%
所有项目	910 万美元	

TNC 及其合伙人——纽约州以卖价 60%左右的现款买下了这个意义重大的保护区，保护了可经营的自然景观。这笔交易及类似的交易还有一个好处就是：当地社区，尤其是遭受重创的农村林区更加支持考虑了保护因素的可持续林业的前景。这样把州和联邦资金用来支持交易就变得更加简便易行了。

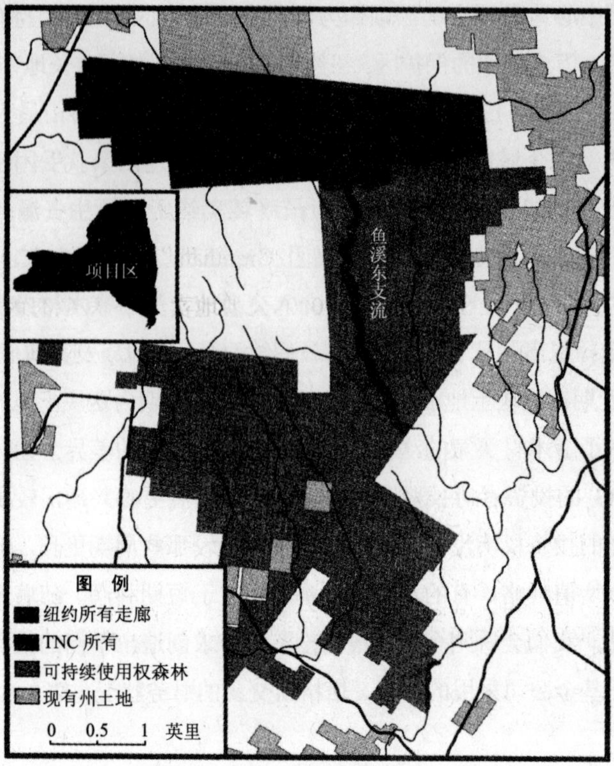

图 1.4 纽约州塔格山地图

狩猎俱乐部和雪地汽车为了休闲进入塔格山，对于取得当地认可和争取公共基金具有重要意义。塔格山委员会是一个州代理机构，在争取当地居民和利益相关方投资，确保交易满足当地人愿望的问题上扮演着重要的角色。除了持续的休闲性进山，塔格山居民关心所有权变化引起的财产税损失。因此，塔格山委员会协助颁布了新的州立法，要求纽约州支付他们持有的塔格山保护地管理权财产税。TNC 也答应支付塔格山土地税。

这种模式在美国别的保护交易中已经反复应用。“保护基金”和 GMO-再生资源有限公司（GMO-RR）在田纳西州完成的一笔交易中发生了一次有趣的置换。出售田纳西州的一块土地时，田纳西州政府想买下这块地，却没有足够的资金，因此“保护基金”采用了一个新鲜方案。GMO-RR 买下了永久性的林木契约，承认 GMO 对这块土地上树木的所有权和经营权，但却没有承认他们对下面土地的所有权。作为土地所有者，田纳西州只要不介入规定的森林经营活动，就拥有这块土地作为休闲用途的全部所有权。因为 GMO-RR 没有买下土地，只买下了树木，所以永远得不到开发权，开发权为田纳西州所有。

在就缅因州梅契斯河沿岸国际纸业持有的土地进行的早期收购谈判中，TNC 缅因州保护总裁汤姆·兰普夫和我为国际纸业团队提出了收购草案。国际纸业的房地产经理派特·弗拉德看着我们的地图，指着春河地区说："糟糕透了，我们上周才把这 4 000 公顷地卖给了 H.C.海因斯。"不用说，这的确让人感觉气馁。海因斯向来是以拼命采伐，把土地作为乡村营地卖给开发商而著称的。如果这块地最终被这样处理，我们就会失去机会，无法保护东北部具有重要意义的鲑鱼河支流，失去拓展这片土地的临近区域建设重要生态保护区的机会。

随后，汤姆和海因斯合作，修改了与私人资本的合作方案。TNC 同意在 3 年之内买下海因斯的春河流域土地，但收购必须在海因斯采伐了多数珍贵木材之后。所幸海因斯同意不在沿河 530 公顷的土地上进行采伐，而只在其余的土地上进行比预期程度轻微的采伐。在珍贵木材被采伐以后购买地产，价格自然就降到了我们能够接受的范围，我们接受了以保护为目标的折衷办法：采伐会让森林系统的恢复延迟几十年。但和永远失去这块土地相比，折衷办法还算合理。海因斯以 300 万美元从国际纸业手中买下了这块地，TNC 有 3 年的自由，选择是否以 220 万美元收购采伐后的土地。节省了 80 万美元，相当于放弃了的生态价值。这是一次具有保护意义的节约，因为海因斯只是把这块地当作另外一块面积更大的土地的一部分，买地的价格非常具有吸引力，这笔交易决定了后来 5 年的地产价格，直到今天。

同私人资本合作需要平衡保护工作的目的与私人投资者对于资金合理回报的期望。如果一块地上生长着价值连城的古树，传统方法应该是最佳选择。另外，随着我们转向自然景观和生态系统保护工作，可持续经营的土地通常会成就保护方案。一般情况下，在开展交易的过程中，必须仔细考虑和设计保护的目的。

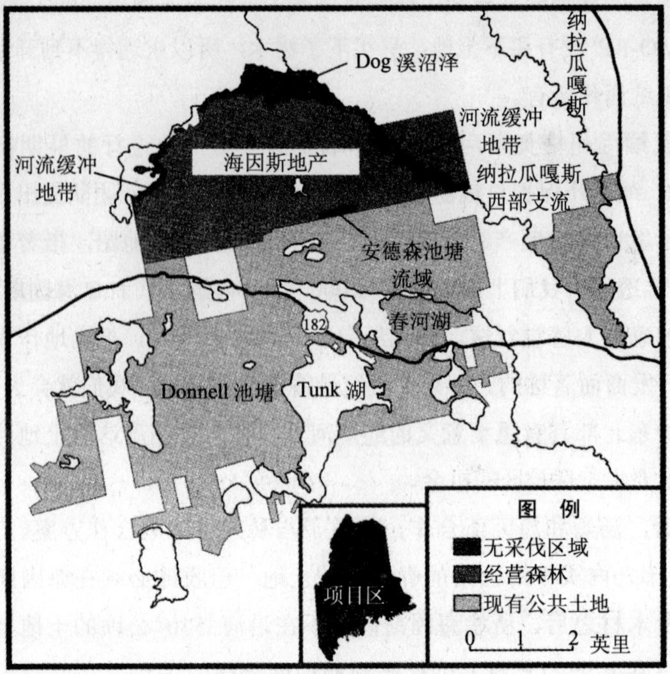

图 1.5　春河地图

对于很多保护主义者而言，与私人投资者的关系是一种让人难以接受的妥协。然而项目的具体情况为回答这个问题提供了最佳指南。关于用有限的保护资金进行选择性使用这个尖锐的问题，无法回避，必须提出来。和私人资金合作会不会让现有的资金流向其他具有重要意义的保护工作呢？在最难消除的威胁都已经消除的情况下，如开发或者划片出售，纯粹的保护方案和实现部分保护目标的方案相比，在成本方面各有什么好处？把私人投资者带入一种以土地可持续利用为基础的全新方法当中是否值得考虑？维护并加强地方社区的自然资源经济是建立与自然资源相平衡的可持续全球经济的重要内容。如果我们利用企业作为当地社区生计和自然系统之间的主要联系纽带，那么我们的工作就能引导我们实现更广阔的目标。从长远来看，可持续利用原则必将成为所有社区存在的根本，这并不是保护引发的奢侈行为。

专栏 1.1 与私人资本合作的主要原则

弄清项目的保护目的。与私人投资者合作进行的某块土地的交换是不是可以接受呢？

合作的目标是能够参与保护地的原始交易，而不是二级市场。也就是说组建合作团队通过招标、拍卖或谈判程序来控制交易达到保护目的。

尽早发现潜在的合作伙伴。如果按照招标或土地拍卖的时间安排才与你的合作伙伴坐在一起，那么你就会面临一场艰苦的斗争，你应尽早确定合作伙伴的作用和利益。

注意你的合作伙伴是谁。人们会以整个团队的价值以及已经与你合作的合作伙伴来认识你，应当指出的是，值得怀疑的合作伙伴可能比没有合作伙伴还要糟糕。

了解自己正在提供非常重要的服务，因此有权期望合作伙伴关系能够带来利益。通过预先提供保护资金，你也替私人投资者承担了交易以外的风险，除非他们以失败风险为代价用更长的时间来寻找保护主义买家或开发方案。

结束交易之前计算财务状况。地产如何估价？评估交易元素的基础是什么，如施业森林、牧场、土地管理权、保护性甩卖等。投标前做的工作越多，在确定投标价格和合作伙伴、寻找各种理由证明你的估价和对土地管理权的看法不合理时，遇到的问题就越少。

注意个人利益。主要是保证你取得的价值和投入的资金以及承担的风险相称，也就是说进行精心的评估和组织工作，这样土地信托交易就永远都不会出现付出大于实际价值的情况。

要求合作伙伴对期望利润及其财务状况能够保持完全透明，也就是说要取得对方的预算和财务数据，同时放弃自己的预算和财务数据。这样做的初衷是要合作取得最大的共同利益，而不是暗地里互相算计对方。如果你的合伙人不保持信息透明，那么这就是他们不愿意进行公平交易的信号。要求签订保密协议，并尊重他们财务问题方面的隐私。

让当地社区参与建立经济合作伙伴关系。与社区交流，分享各自的意见，让他们作为承包人、供应商、甚至是所有者，积极参与设计土地的未来。

专栏 1.2 木材投资组织的工作地点

坎贝尔集团

美国俄勒冈州波特兰

One SW Columbia，1700 号公寓，97258

电话：503-275-9675

传真：503-275-9667

邮箱：info@campbellgroup.com

网址：www.campbellgroup.com

仅在美国（原来在西北部，但对东南部同样有兴趣）

几次规模较小的保护交易

保护森林资金合作有限公司

蒙大拿州利文斯顿，59047

北二街 105 号，233 号公寓

电话：406-222-9790

邮箱：JMTomlinMT@aol.com

专门用于保护交易的新投资资金

重点在美国

森林资金合作公司

迈阿密州波士顿，02111

One 金融中心

电话：617-832-2922

传真：617-832-2921

邮箱：mdonegan@forestcap.com

网址：www.forestcap.com

私有

美国，近期买下了前 Boise Cascade 七个州的林地

当前没有保护交易

森林投资协会

佐治亚州亚特兰大，30305

皮德蒙特中心 15 号，1250 号公寓

电话：404-261-9575

传真：404-261-9574

邮箱：info@forestinvest.com

网址：www.forestinvest.com

仅在美国（美国东部，最初在东南部）

当前没有保护交易

森林系统有限公司

迈阿密州北伊斯顿

Main 大街 51 号，Queset House

电话：508-230-0400

传真：508-230-0401

邮箱：info@forestsystems.com

网址：www.forestsystems.com

私有

仅在美国（东南、西北）

当前没有保护交易

林地集团有限公司

迈阿密州剑桥

Brattle 广场 4 层，02138

电话：617-491-0663

传真：617-491-2499

网址：www.forestlandgroup.com

私有

仅在美国（东北，大西洋中部，东南和南部中心，密歇根州）

主要集中在硬木林地

与 TNC 在密歇根的 Bioshop 地产交易，以及纽约与 CF 的交易

GMO 再生资源

迈阿密州波士顿

Rowes Wharf 40 号，02110

电话：617-330-7500

传真：617-261-0134

邮箱：generalinquiries@gmo.com

网址：www.gmo.com

格兰瑟姆、梅奥、范·欧泰鲁的一部分，私有投资咨询公司

美国、巴西、新西兰和澳大利亚

和 TNC、CF 进行着诸多保护交易

恒康木业资源集团

迈阿密州波士顿

High 大街 99 号，26 层，02110-2320

电话：617-747-1600

传真：617-747-1516

邮箱：info@hnrg.com

网址：www.htrg.com

约翰·恒康自然资源集团子公司，公有企业

重点区域：美国（西北、西南）、澳大利亚

美国的许多保护交易

Lyme 木业

新罕布什尔州 Lyme

266 信箱

On the Common 16 号，03768

电话：603-795-2129

传真：603-795-4789

邮箱：info@lymetimber.com

网址：www.lymetimber.com

私有

重点在美国

很多保护交易，集团考虑了资源交易方面的比较优势

Molpus 林地集团

密西西比州杰克逊市

N. States 大街 654 号，39202

电话：601-948-8733

传真：601-352-7463

邮箱：webmaster@molpus.com

网址：www.molpus.com

私有

重点在美国东南部和中南部

当前无已知保护交易

梅溪木材公司

华盛顿州西雅图市

第三大道 999 号，4300 号公寓，98104-4096

电话：206-467-3600 或 1-800-858-5347

邮箱：info@plumcreek.com

网址：www.plumcreek.com

公开交易的 REIT

美国的重点（东北、太平洋中部、南部、中西部和西北部 19 个州）

与 TNC、CF、TPL 和其他组织进行着多个保护交易

Prudential 木业

迈阿密州波士顿

990407 信箱，02199

电话：617-585-3500

传真：617-585-3501

公共机构客户服务

邮箱：public.investments@prudential.com

网址：www.investmentmanagement.prudential.com

Prudential 的一部分，公有企业

美国（东南和夏威夷）、新西兰

当前无保护交易

RMK 林地集团

佐治亚州亚特兰大

Peachtree 260 号，1800 号公寓，30303

电话：1-800-734-4667

邮箱：mkinfo@morgankeegan.com

网址：www.regions.com

前 Wachovia，公有银行股份公司，新近卖给了 Regions Morgan

仅在美国（东南、大西洋中部、密歇根州）

当前无保护交易

瓦格纳森林经营

新罕布什尔州 Lyme

Orford 路 150 号，03768

电话：603-795-2002

私有

仅在美国（最初在东北部）

和森林学会在缅因州进行的West Branch交易，其他几次提议的交易活动

2 自然之债：卡塔丁森林的故事

我担心这些已经占据了公众想象空间的环保战役，如保护荒野、热带雨林和海豚的战斗会造成一种印象：危机离我们还很远，危机威胁到的只有生物，而不是养育了我们的社会和人类文明的整个自然体系。

——戴安·杜马诺斯基《反思环保主义》

大北方造纸公司身材高大的首席执行官兰伯特·贝达德最后一个到达位于米尼诺克特办公楼3层的总裁会议室。简短的介绍之后，他坐在了首席位置，斜靠在椅子上。“那么，”他说话带有浓重的法国和加拿大口音：“你们这群森林狂热分子有什么要说的吗？”这个开场白不利于我们和大北方展开讨论。

用几分钟时间简单介绍了TNC的背景后，我看了一眼缅因州TNC办事处经验丰富的总裁肯特·沃麦克，悄悄暗示他继续讲下去。肯特用个人经历接着介绍着这个机构，“嗯，我在一个造纸公司的职员家庭长大。我父亲大半生时间都在米德造纸公司工作，这个行业的起起落落曾经是我生活的一部分。”大北方首席财务官蒂姆·摩根迅速翻了一遍TNC的名片，困惑地问：“比尔……比尔·沃麦克？他是你父亲？”肯特内心默默地感激父亲：“对，对，你说对了，他就是我父亲。”蒂姆兴奋起来：“30年前我在丹顿的米德老楼里为你父亲工作！他是个了不起的人，教会我很多东西。”

有了这层意想不到的私人关系，弥漫在会议室里的紧张气氛突然松弛下来，几分钟后，我们就开始认真讨论TNC向大北方提出的大胆建议，即借钱给挣扎在生存边缘的大北方，从而换取那片土地的保护权。

2001年，传言四起，传说大北方已经陷入了困境。100多年以来，这个北方巨人始终垄断着缅因州的林业。这家公司曾经是缅因州最大的土地所有者。然而虽然拥有 85 万公顷土地，有兴旺的造纸厂和木材厂支撑着，公司仍旧明显地走向衰败。自 20 世纪 80 年代中期以来，一系列的新工厂合并和过度扩张扩大了公司规模，却留下了沉重的债务负担，公司开始走下坡路。大北方公司被迫兼并了一连串更大的综合林产品公司，包括乔治亚-太平洋和布沃特。每次合并都要放弃部分资产，包括公司所有的土地和缅因州以外的造纸厂。截至 20 世纪 90 年代末，只剩下了位于米尼诺克特和西米尼诺科特的两个工厂和 12 万公顷森林。几位来自魁北克省的企业家试图买下大北方。在兰伯特・贝达德的领导下，据称他们以 5 万美元现金，外加一张超大金额的银行支票买下了这家公司。目前，公司雄心勃勃的工厂现代化计划也已经陷入困境。贝达德又开始了新一轮的资产变卖，包括卖出营地和为工厂供电的水电设施。然而造纸业的持续滑坡又引发了公司的财务危机。

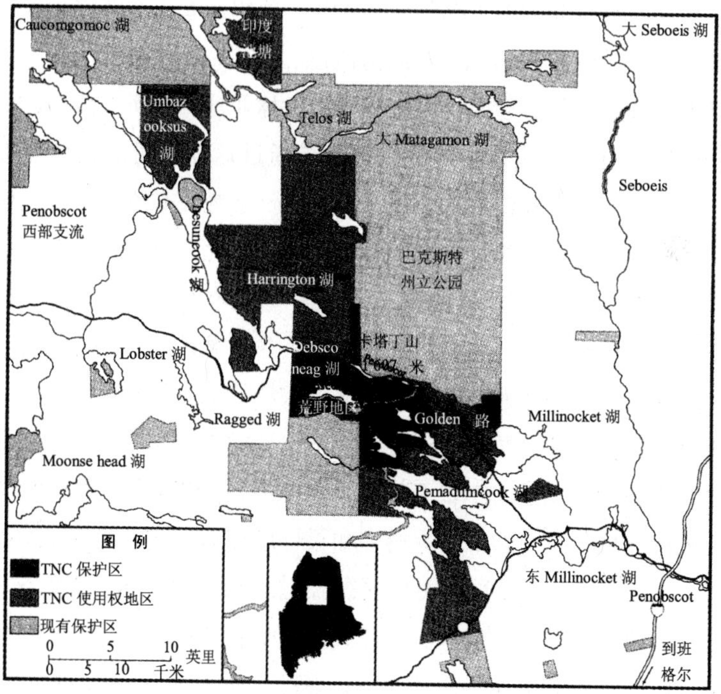

图 2.1　卡塔丁森林，缅因州

尽管大北方拥有的土地仅是过去的一小部分，但从自然保护角度来说，公司仍旧不失为缅因州的无价瑰宝。在20世纪前叶，州长巴克斯特命名的州立公园和大北方南边及西边的土地接壤，据报道，巴克斯特为了得到称为“培诺伯斯科特”的偏僻湖泊和池塘，已经多次尝试收购这里的部分土地。国家公园管理局也无时无刻不在盯着这块地——32 千米的阿帕拉契小径蜿蜒经过卡塔丁山腰的彩虹湖和纳马坎他湖，俯视着公园边境。

包括公共土地信托和荒野协会在内的一些团体提议把公司卖掉，但每次都遭遇怀疑或者根本没人对此感兴趣。保护团体都非常关心这件事，因为如果公司倒闭，保护地就会被拍卖，落入出价最高的竞标者手中，用于满足债权人的需求，也就是说，要对这些原始水路进行开发，把这些湖泊、池塘纳入巴克斯特州立公园附近保护地的机会将永远失去。

TNC 已经同意让别的机构设法先去进行保护工作，因为当时我们还有其他一些事情需要做——收购缅因州东部梅契斯河沿岸的土地。刚刚完成了高达 5 200 万美元的惊人募资计划，我们的捐助者还在兑现承诺，为缅因州其他地区已经上马的项目偿还抵押贷款。

然而这片土地的命运始终困扰着 TNC 林业项目的所有成员，关于大北方公司惨淡前景的流言不断传来，我们通过这家公司的林地经理玛西亚·麦克齐格展开了调查。玛西亚是缅因州一个为公众所熟悉的人物，因为她曾经领导了一次全部是男性参与的交易，与此同时，她还是缅因州土地期货委员会的成员，其时，这个机构正在重点募集近期投放的 5 000 万美元国债。玛西亚证实这家公司正处于一个非常微妙的时期，无法出售自己名下的土地。所有林地都以一纸借据担保给了恒康寿险公司，借据上规定了几百万美元的预付罚金，让公司在担保期间无法寻求更有利的财务方案。2002 年春天，在向 TNC 缅因州保护项目总裁汤姆·兰普夫和肯特了解到这些情况后，我突然来了灵感。如果恒康的借据是大北方出售保护地的障碍，为什么不尝试看看恒康是不是愿意把借据卖给 TNC 呢？这样的交换会打开大北方进行自然债务交易的大门。如果这家公司如我们所想的已经摇摇欲坠，我推测恒康很可能也非常紧张。债务的总额巨大，共 4 600 多万美元；但另一方面，恒康的担保物却是保护主义者梦寐以求的东西：12 万公顷经营良好的森林，以及巴克斯特国家公园附近尚未开发的湖泊和山地。以大北方目前的状况，银行是不会承担这种风险的，但担保的土地对TNC来说却有特殊价值。

经过几个小时的思考，我们想出了一个可能的方法，这将对大北方有利，同时还能达到保护目的。这个计划的大致内容是这样的：

- 尽可能从恒康手中以低价买下这个借据，但不能答应任何预付要求；
- 交易公园南边山腰上土地的部分债务，在这片土地上，缅因州的Nahmakanta公共保护区土地与沿阿帕拉契小径的巴克斯特连成了一片。

另一个关键问题也同时存在。我们知道即使大北方愿意卖地还债，自己也没能力支付4 600万美元让恒康放弃这块地。与此同时，我们主要的捐助者仍在偿还圣约翰的抵押贷款。即使为这样一个重要的项目，我们猜测最多也只能筹集1 400万～1 600万美元，还有3 000多万美元的缺口。如果我们有希望从恒康那里买断这笔债务，显然我们就必须全额买下这张借据。为了解决这个问题，我们想到了第二个策略。我们可以按照比恒康更低的利息贷给大北方不足的3 000多万美元，但只有在大北方同意卖给TNC 8万公顷土地的管理权时，才可以采取这个方式。这样，就能确保这块地能够永远得到可持续经营，而不会被用于开发。现在我们已经了解了部分情况，但仍然存在许多潜在问题。我们是不是能支付得起恒康的报价？大北方愿意卖地减轻债务、出卖土地管理权吗？

那个春日，为了探讨这个问题，我们来到米尼诺克特的总裁会议室和大北方的管理人员会面。几个小时之后，我们就了解了公司的黯淡前景。实际上，这家公司已经无力支付恒康的借款，恒康的会计就在隔壁研究账簿，准备取消大北方的抵押赎取权了。公司迫切需要400万美元现金。贝达德明确表示，我们会尽快考虑能为大北方筹集多少资金。那时已经是6月份了，要挽救这家公司就必须在8月完成这笔交易。

几天时间里，我们制订了一份交易时间表，大致勾勒出了整个计划。TNC用4 600万美元买下恒康的担保借据，另外增加400万美元现金。大北方卖给TNC大约1.7万公顷土地，抵消1 400万美元债务。TNC以4%的利息贷给大北方3 600万美元，换取另外8万公顷土地的管理权。

但怎么才能和恒康接触呢？我们想到了一个人，那就是 TNC 理事会的新成员汉克·鲍尔森，汉克是高盛的主席，美国最具影响力的商人。他了解恒康吗？会不会给大北方总裁大卫·F·D·亚历山德罗打电话介绍我们呢？汉克给亚历山德罗打电话的几个小时里，我也和恒康的纸业和林业财团总裁肯·海因斯通电话。海因斯慢吞吞地对我说："比尔（威廉的昵称），惊动所有的高层人员毫无意义，我打赌能自己解决所有问题。"果不其然，几个星期以后，我们和恒康完成了交易，TNC 以票面 4 600 万美元的价格从恒康手中买下了这张借据，不需要支付预付罚金，但 TNC 必须到 9 月 30 日让恒康的账目中不再有这笔贷款。就在上一年，恒康刚刚公开发售股票，不愿在每季度的报告期间看到账面上还有拖欠借据。"穆迪"是一家大型商业等级代理，刚刚把恒康的债务评级从 AA1 降到了 AA2，恒康再也经不住更多负面消息了。

接下来的两个月时间非常紧张，我们必须买下恒康的借据，开始新的融资，收购金额巨大的保护地管理权，取得 Debsconeags 的所有权，最后但不是最不重要的一点，还要取得 TNC 所在州和全球委员会的同意，从 TNC 土地保护基金中借出 5 000 万美元——这笔前所未有的巨大资金。2003 年 8 月 23 日，我们完成了交易和贷款手续，随后召开了新闻发布会，宣布 TNC 和大北方的合作关系已经建立。

在复杂的商业交易背后，总会有人文故事发生。结束交易那一天，大北方总裁埃尔顿·杜迪回忆起自己在这个公司的第一份工作。那时他还是个少年，作为营地工作人员在大北方工作，他的工作是为大北方彩虹湖运动营地的客人——客户和供应商寻找最好的钓鱼地点，现在这里已经是 TNC 保护地了。他在那儿工作了两个夏天，熟悉了周围每一个池塘和钓鱼地点。35 年后，在公司会议室里，他扭过头看着我说："得知这块地还是我记忆中 17 岁时的样子，我真的很高兴。"

对大北方交易的回味一直持续到秋天，米尼诺克特此时正酝酿着一场暴风雨。在新闻发布会上，有记者提出 TNC 交易是否足以拯救大北方公司这个问题时，杜迪回答说："虽然交易为公司赢得了时间，但他们真正需要的是开拓产品市场。"遗憾的是，在过去几年中，这家公司的纸张价格一直维持在较低水平，12 月份杜迪突然辞职，短短几周，公司宣布申请破产保护。在随后几个星期中，显然公司的唯一希望就是通过破产程序把自己卖给实力更强的合作伙伴。

在TNC排名于波音租赁公司之后成为全美第二大债权人的时候，TNC开始紧张起来。幸运的是TNC不同于大多数债权人，他们稳固的附属担保地位因为大北方所有地产的第一抵押权而动摇了，大北方拥有木材的子公司很大程度上因为从TNC得到了足够的钱，所以没有申请破产保护。然而破产却是无法预知的，TNC知道其他债权人都在虎视眈眈地盯着这些林地。在木材公司所有者破产的情况下，只要条件允许，增加TNC的借款好过把木材子公司推向破产。TNC认为最佳的行动就是保持耐心。我们相信凭借米尼诺克特的新造纸机和东部现代化的工厂，一定会引来合适的买家。从保护角度来看，我们欣慰于取得了大北方可经营森林的土地管理权，同时Debsconeag主要土地的收购也让我们掌握了珍贵的保护地管理权。我们也知道当地居民想当然地认为TNC真正的计划是要夺走他们的工作，把这个地区建成国家公园。因此对我们的贷款持怀疑态度。缅因州北部剩下了上千万亩土地需要保护，TNC知道自己必须遵守诺言，将可持续经营的森林纳入这个地区的长期保护方案中。一着错棋，其他土地所有者和公众对我们的信任就会面临危机。TNC用6个月时间耐心地监督着破产过程，直到最终新的所有者加拿大公司Brascan金融公司出现后为止，除其他资产以外，Brascan是NexFor和Fraser纸业的主要股东。Brascan的声誉良好、资金雄厚，还有丰富的行业经验，各方面似乎都很理想。在接下来的几个月中，米尼诺克特东部的工厂重新开业，米尼诺克特工厂主要生产环节也开始了现代化进程。今天，两个工厂都在运营当中，而在大北方统治北方地区时，命运却和现在完全不同。今天，这个行业已经处于恢复过程中。

除了工厂出售和重组以外，TNC给新公司带来了3 600万美元贷款，偿还了拖欠的款项。然而Brascan并不是一个创业的企业，他们是一家金融巨头，本身就有金额巨大的债权，显然TNC想办法偿还他们贷款的时候到了，这些贷款一直占用着其他保护交易需要的资金。TNC采用的创新方法既兑现了贷款承诺，还得到了几个月的补偿。在第8章中介绍新的联邦项目——新市场免税时，对这个方法进行了详细说明。

专栏 2.1 自然之债

购买债务是华尔街每天都在做的事情。随着企业财富的增加和减少，银行和保险公司定期出售或购买拖欠的借据。像高盛这样的集团都设有专门在垃圾债券中淘金的业务部门。保护组织也能从事这种工作，因为我们有商业集团没有的战略资产。恒康没有宣布他们放弃公司的赎回权导致了 1 000 名工人失业，却成了保护和生存故事中的正面角色。对于贷款方而言，这的确比较重要。其次，保护主义者可能对借据相关的担保价值有不同的看法。贷款方想要的最后一样东西是必须取消抵押地产的赎回权，得到土地而不是拿回现金。在我们来讲，得到土地我们才会高兴，因为土地是我们保护事业的“主业”。

贴息贷款

大北方交易中最有趣的片段之一就是提供低息贷款换取保护价值。进行交易时，大北方付给恒康 8.73%的利息，还要偿还一部分本金。而 TNC 的借据上，8 年不用偿还本金，利息只有 4%。保护组织不从事贷款业务，也不要求至少和还款等价的赔偿。贷款给营利性企业而不获取相应的回报通常是私人习惯行为，这样会使慈善机构失去地位。因此这种交易的主要问题是对贷款价值进行公正的评估。我们在这个案例中进行了下列计算：

恒康借据上的年还款额（利息和本金）	400 万美元
TNC 借据上的年还款额	130 万美元
每年节省	270 万美元
8 年节省下来的总额	1 800 万美元

但是因为在贷款时就已经转让了土地管理权，给大北方节省下来的款项在 8 年时间里自然增长，把 8 年节省下来的钱转换成取得土地管理权期间的国民生产总值很有必要。经济学家称之为计算“净现值”或 NPV。另一种方法就是看看“你今天要为将来偿还的借款支付多少利息”？这个问题的答案很大程度上取决于你期望自己的钱能给你带来多少利息。有人中了彩票，通常你能看到他们需要一

次性支出一笔钱，支出大大少于广告所说的大多彩票 30 年中每年需要支付的利息。这是因为他们觉得自己能随着时间推移，用一次性支付的本金挣到比彩票利息更多的钱。在我们这个案例中，我们以 8.73%的利息计算 8 年中节省下来的钱的 NPV，这个利率和大北方最初从恒康贷款的利率相同，因此我们能够用来比较土地管理权价值和贷款价值。

按照 8.73%计算，节省的 NPV　　　　890 万美元

从这个分析中，我们确定大北方转让的土地管理权至少价值 890 万美元，因而得到了低利率借据的合理价值。实际上，最终评估土地管理权时，价值估定为 1 300 万美元，因此我们从贷款中取得了额外利润，消除了人们对再融资风险会要求更大回报的担心。

从金融角度看，仔细的评估非常重要，评估最好由第三方完成，例如财务会计，从而确保取得的回报至少等同于付出的价值。

3 破产与生物多样性

如果你把我们的星球当作清算企业那样对待，想到的全是如何让资金周转、生意繁荣，这样只能是牺牲我们子孙的未来，让他们为我们承担所有的损失。这是一种亏本的支出，让少数人富裕，让大家变穷。

——小罗伯特·F·肯尼迪（2002年2月28日在加利福尼亚州联邦俱乐部的演讲）

2003 年春天，我收到 TNC 智利总裁马格·伯汉姆发来的邮件，问我是否知道在特拉华注册的林地开发有限公司。这家公司承担着智利一家破产林业公司的债务。这笔债务赋予“林地”和其他更小的债权人智利中部海岸、靠近瓦尔迪维亚大约 6 万公顷重要温带森林的第一抵押权，“林地”是这个地区最大的私营股份公司之一。所有者伯斯基·S·A 已经同意把这片原生森林转为速生桉树林。但他们却因此陷入了采伐和转换许可的政治和法律困境，目前正为智利国家林业局许可的有效性问题而对簿公堂。

故事讲到了本地，因为环保工作持续拖延，总部设在美国的金融服务公司“福利特波士顿”领导的借贷者协会逼迫公司破产，显然伯斯基·S·A 没能按期付款。不到 10%的土地转为人工林，这片珍贵的土地环抱着智利太平洋海岸翠绿的狭长地带。几年来，这块地一直是 TNC 及其合伙人世界自然基金会和其他环保组织保护清单上的首选目标。

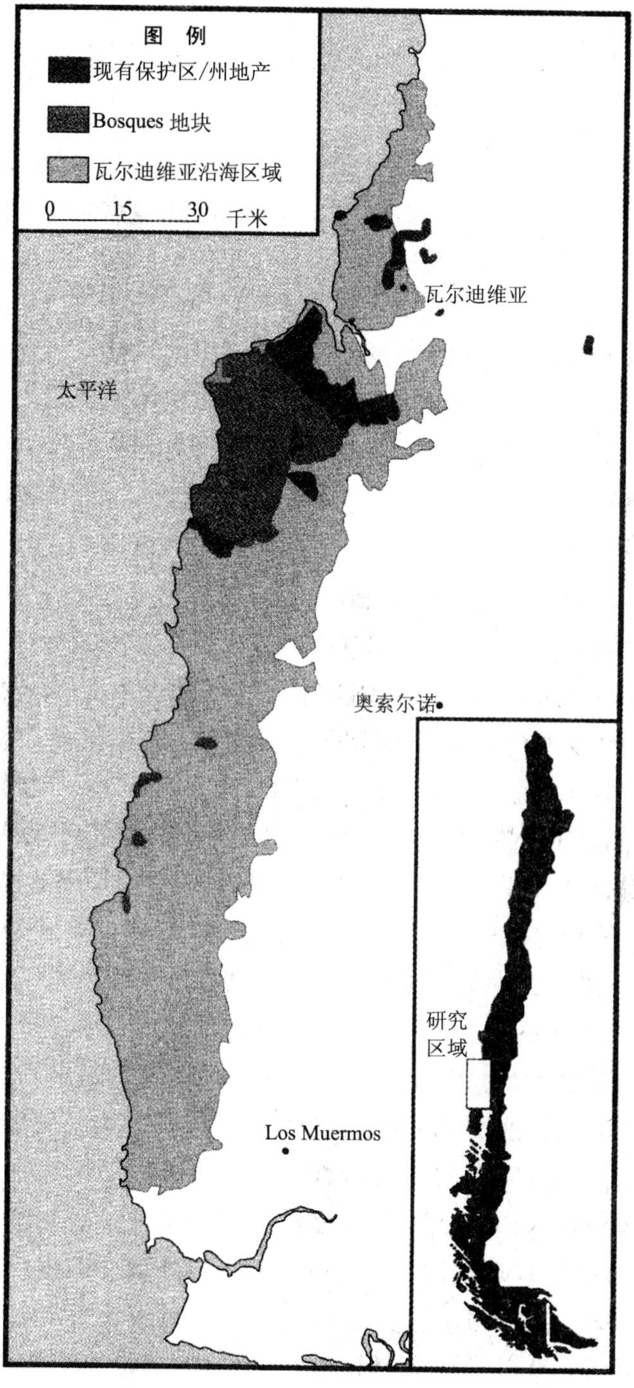

图 3.1　智利瓦尔迪维亚海岸

保护这里的景观已经放在最为优先的位置上。TNC 业务咨询小组的格雷格·费什贝恩和 TNC 智利项目中精明的律师卡洛斯·费南德兹接受委派去了解福利特波士顿的地产计划情况。的确，福利特波士顿排名居于“林地”之后，但这个私营企业对买地表现出极大的兴趣。福利特波士顿不愿意把珍贵的资产“廉价”卖给 TNC。但如果 TNC 愿意和福利特波士顿的资深设计人员贾德·瓦德商量可选方案，双方就能够进一步了解对方。因此，一场断断续续的对话开始了，最终这次对话在智利破产法庭上结束。

最初福利特波士顿对我们不感兴趣，因为我们出价很低，他们正在和智利另一家很有诚意的买家谈判，似乎这个买家更迫切地要承担智利破产程序带来的风险。美联银行有人请前任首席执行官、TNC 董事会成员艾德·克拉奇菲尔德和他的朋友——福利特波士顿首席执行官查德·吉福德联络，以便让他了解 TNC 的诚意。此时“雨林行动网络”（RAN）发起了福利特波士顿行动，在他们的网站上显示这家银行的名称，同时还往波士顿派纠察员。这个由行动主义者组成的机构公开表明自己的想法，希望福利特波士顿能够仔细考虑如何处理这块保护地。整个夏天都没有任何动作，格雷格最后一次打电话给贾德·瓦德讨论 TNC 计划。瓦德感受到来自 RAN 行动和首席执行官的压力，好像更有兴趣和 TNC 进行可能的交易，但同时表示福利特波士顿再过几天就要和智利一家森林投资集团签署最后的土地出售协议。瓦德建议 TNC 和这个智利的集团公司联系，看看是不是能进行有利于环保的交易。费什贝恩回答说：“为什么不直接把债务卖给我们呢？”瓦德听到这个建议后很惊讶，因为至今 TNC 管理层都不愿意购买这笔债务，害怕会卷入不能确定的破产程序才能取得地产，TNC 的智利律师称这个程序为“木筏漂流”。瓦德反问：“你们愿意这么做吗？两个交易日后我希望拿到一份意向书，这样我才能不和其他组织接洽。”费什贝恩回答说：“我觉得可以，并且可以以性命担保。”经过与 TNC 管理人员和董事会成员 24 小时的紧急磋商，我们回到福利特波士顿，提出了另一个价格。以这个报价为基础，福利特波士顿同意和 TNC 谈判：为了表示对保护工作的支持，同意在报价的基础上降价 100 万美元。费什贝恩严肃地提出了现实问题：“如果福利特波士顿和别的机构完成这笔交易，那么对于我们而言，一切都将结束。”我们可能无从知道福利特波士顿决定和 TNC 进行出售债务谈判的最终原因。显然对银行公众形象的担忧，和智利政府在许可证方面的争议，克拉奇菲尔德与福利特波士顿首席执行官的关系，以及 TNC 同意将报价提高到具有竞争力的水平都是最终决定的部分原因。

但为了移交管理权，银行还要把债务卖给 TNC，协助进行这块地产剩余债务的合并工作。福利特波士顿因 1 000 万美元债务持有这块土地最多股份，另外两家智利银行也各自承担着另外 600 万美元债务。为了保护资产，TNC 和福利特波士顿需要取得一个实体持有的这块土地的第一抵押权。这次联合能够大大降低破产进程中出现错误的可能。瓦德遵守了自己的承诺，代表福利特波士顿迅速集中起松散的所有权，并移交给 TNC，所有费用由福利特波士顿承担。最后，TNC 以 630 万美元买下了全部面值 1 600 万美元的银行票据。

智利保护组织之间的协调工作帮助 TNC 完成了这笔交易。世界自然基金会智利分会的大卫·泰克林协调了 TNC 和当地智利组织的收购工作。弗朗西斯科·索利斯（目前任 TNC 项目经理）为一家智利保护组织担任独立法律顾问，这个组织决定买下一个小规模债权人的债务，从而能够参加债权人委员会会议，更加紧密地跟踪破产过程。

然而故事还没有结束。尽管目前 TNC 已经拥有了这块保护地所有的票据和抵押权，但还是不得不实施破产程序。卡洛斯·费尔南德兹和智利最好的律师一起，用了几周时间研究了智利的破产程序，避免其他债权人提起预料外的要求或诉讼。2003 年 11 月 4 日进行了拍卖，让我们放心的是，没有其他投标人挑战 TNC 的出价。为了取得明确的所有权，TNC 最终另外支付给其他小规模债权人 100 万美元，但这笔 730 万美元的保护地收购是保护工作的巨大胜利。每公顷土地 125 美元，相比美国的地价，真的是物有所值。这块地经评估定价为 750 万～1 000 万美元。

利用破产法庭的力量低价收购土地后，TNC 面临着可怕的前景——需要偿还 TNC 土地保护周转资金的贷款。沿海温带森林对全球环境的重要性以及 TNC 迅速抓住机遇的能力，吸引了世界自然基金会（WWF）100 万美元和保护国际全球保护基金 75 万美元的投资。收购和长期经营仍旧需要大笔的资金，创造性思维再次为这笔交易添加了创新成分。清理后的土地上种植了 3 600 公顷速生桉树，耗费了巨大的人力和财力。有一个可选方案就是出售木材权，用这笔钱培育、采伐森林，采伐完毕时，以本土物种恢复森林。一家关注过破产程序的当地企业对此非常感兴趣。最后，TNC决定聘用承包商进行采伐，这样就能提高这片生态脆弱土地的经营灵活性，最终创造的价值也会高于出售木材权所能创造的价值。目前，这片人工林的 1/3 已经可以采伐，剩余部分未来 8～10 年内也得采伐了。比较项目的最终成本，采伐的木材创造了 500 万美元利润，同时采伐工作严格遵守采伐标准，保证土壤不会流失和实现流域生态的保护，也为当地社区提供了就业机会。

几个月后进行交易评估时，格雷格·费什贝恩再次提醒我们说："如果抱着赢得低价竞标的希望去冒上破产法庭的风险，那么我们最终会大失所望的。"显然福利特波士顿和别的银行希望控制局势，为了避免法庭上突然出现不愉快事件，可能会和别的机构进行交易。在别的国家，破产可能是一件大伤脑筋的事情，但最终能够取得保护地的产权就是对投资最大的回报。

华尔街每天都在从事着止赎权和破产交易这样具有较高风险和较高回报的交易。另一家违约公司也拼命想在智利生存下去，这次是争夺特立亚姆（Trillium）公司火地岛的康多尔河（Rio Condor）项目。20 世纪 90 年代初特立亚姆公司特点鲜明又爱争论的总裁和创始人——大卫·赛尔高调买下了这块 34 万公顷的土地，并将其追捧为智利"第一笔可持续经营的天然林交易"。但是这块地从一开始就引起了不小的争议。这块土地由横跨阿根廷和智利的麦哲伦海峡的上万亩土地组成，构成全球仅存的南部海岸森林的一部分。另外，这里没有遭受过采伐。尽管森林顾问小组进行了系统的启发性工作，所有这些努力在大卫·林登麦尔和杰利·富兰克林的作品《保护森林生物多样性》（Conserving Forest Biodiversity）中有详细记载，但项目仍旧遇到了政治方面的和经济方面的障碍，最终导致拖欠投资方和贷款方 3 000 万美元债务。[1]

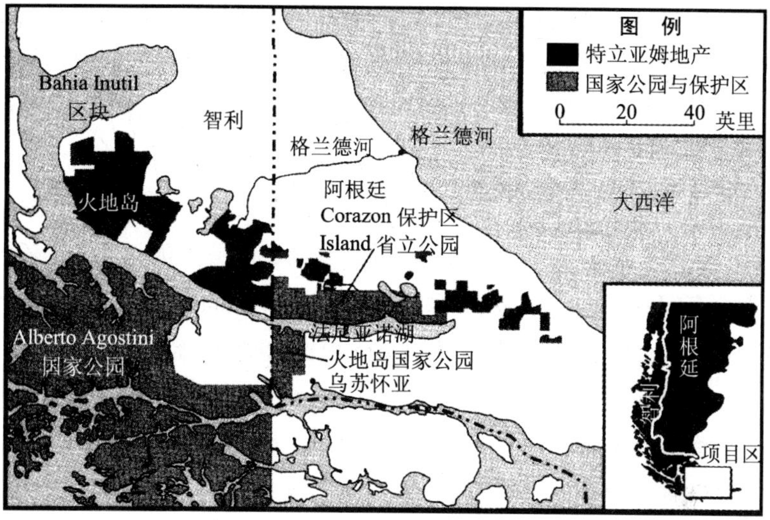

图 3.2 特立亚姆康多尔河项目

购买违约票据在投资银行业务中属于一个特殊领域，通常只有有实力的大型投资银行才能从事这种业务，例如高盛、摩根士丹利等。2004 年，高盛以高达 57 亿美元的巨额资金投入违约票据收购业务。2002 年 2 月，高盛从一家正在清算过程中的美国金融公司——Capital Consultants 收购了一组廉价的债务。这组债务当中有几笔特立亚姆公司的违约票据，还有相关企业用智利林地、智利蓬塔阿雷纳斯锯木厂和阿根廷林地担保的违约票据。尽管高盛从来不肯公开承认，但很明显，他们的确以低于面值的价格购买了特立亚姆公司的欠款。很多投资银行家还没有意识到这些土地具有的生态价值，但幸运的是，高盛有保护头脑的主席汉克·鲍尔森意识到了这种价值。他向 TNC 管理层提出了一个问题："TNC 愿意帮助高盛了解所有的价值吗？包括这 34 万公顷土地的保护资源价值。" TNC 最优秀的法律、合同和保护专家在智利试图迅速了解高盛收购的大面积景观。TNC 波士顿办事处的律师、TNC 历史上最出色的保护交易者菲尔·托巴斯和丹尼斯·沃尔科夫、保护策划人约什·罗伊特和罗宾·考克斯一起，离开缅因州和加利福尼亚州的办事处，去外面工作。他们将共同制订保护计划，高盛会将这份计划作为一种计算方法，用来决定这块地的命运。最终，高盛在了解了这片荒野出众的生态价值和广阔面积之后，做出了一个具有历史意义的声明。他们计划通过取消抵押赎回权的程序完善所有权之后，把这块地交给国际保护组织经营。在声明中，他们宣称“高盛开始并不同意买地，但买下了以地产作为担保的借据之后，他们制订了几个方案货币化借据和以借据担保的地产，包括土地出售。但在深入的分析中提到，如果这块地的自然环境没有遭到破坏，那么高盛认为这是保护这块土地最重要和最主要的生态特征独一无二的良机，以上说法代表高盛高层的观点。”[2] 高盛还表示他们会在捐款中扣除美国的各项税费，以此保证分配给股东的利润。TNC为这个地区设计的主要保护规划和生态价值评估产生了巨大的回报。

下一步任务是让大卫·赛尔参与进来。关于取消抵押赎回权和拖欠问题的法庭争斗会拖延项目时间，还会带来不必要的开支。开始，赛尔不肯合作，但他的处境使他不得不坐到新交易的谈判桌上。他将放弃在智利所有土地上拥有的利益，但保留采伐权，以及在两年内赎回阿根廷土地所有权的选择权。这样就为高盛掌控这块地产铺平了道路。

最终，智利的一个保护组织几乎已经成了这些重要资产最合适的管理者，但在这个时候，高盛宣布要把这块地交给实力较差的野生生物保护协会（Wildlife Conservation Society）。早期 TNC 和高盛曾经议定，因为汉克·鲍尔森出任两个组织的董事会主席，所以不适合与 TNC 进行涉及巨大金额慈善捐款的交易。然而，TNC 和其他保护组织在实施能够最大限度、最有效利用地产的保护意见时，应该具有先见之明。外部组织分割走这么多景观，这样会让当地社区和政府警惕起来，他们对景观新前景的支持对于最终实现目标非常重要。

保护投资银行是刚刚兴起的新行业。具有熟练保护和业务经验的从业者能够在投资和贷款不成功的情况下，仍旧取得保护工作的胜利。如果企业能够利用这些技能为股东创造价值，为什么保护组织就不能呢？在 Valdivian 海岸项目中，是 TNC 员工设计并实施了倒闭企业的买断工作。在 Rio Condor 项目中，全世界最早的投资银行之一完成了制订最终商业计划的艰巨任务。在以上两个案例中，利用商业工具，交易都取得了突出的保护成果。

专栏 3.1　保护投资银行

与我们早期的大北方和卡塔丁项目一样，智利保护工作的两次成功表明了解银行和法律体系能创造新的机会，取得保护成果。从上述故事中得到的经验有：

- 控制交易。利用公共和政治常识，结合法律和金融知识，找到一种无论交易过程是否会引发拍卖、招标或破产都能在这个过程中取得利益的方法。
- 未来的成功需要为土地信托员工投资培养新的技能，通过董事会成员指导实施新式保护战略。

我们还没有看到木材和农业部门财务困难时期的结束，这些部门控制着大量全世界保护组织希望保护的土地。即使在经济状况良好的时期，企业也会犯错误，这样的现实会不断为企业和保护组织之间的谈判创造机会。

4 投资的态度

人类种植自己消费的食物，生产自己使用的木材，正确或者错误地经营着作为食物来源的森林和农场。无论哪个环节，人类都必不可少。

——温德尔·贝利（1998 年在 Organic Groups 的讲话）

1999 年，缅因湾的渔业正挣扎在生死边缘。这个曾经养活了许多城镇和家庭的产业，如今面临着前所未有的挑战。联邦政府监管机构正在考虑制订一些规章，敦促这些渔业公司关门，公众越来越关心缅因州沿岸和海洋相关企业的可持续经营问题。沿海企业有限公司（Coastal Enterprises，Inc.）（CEI）渔业项目总监伊丽莎白·席汉面临严重的困境。CEI 怎么能继续贷款给渔船和海洋企业？这家公司曾经有过投资 169 家海洋企业 1 100 多万美元的历史，没有他们的帮助，对已然岌岌可危的沿海海洋企业不啻为一次致命的打击。

20 年来，CEI 作为有着强烈社会责任的社区开发非营利公司，恪守自己的宗旨和承诺。伊丽莎白指出："我们坚持三个底线——对经济和环境的积极影响；为弱势群体提供平等机会；如果贷款或投资破坏海洋环境，我们就不能继续从事这项工作。"伊丽莎白这样描述道："我们感觉非常沮丧，因为缺少真实的信息能够说明我们提议发放的渔业贷款是否具有可持续性。后来我们突然想起：为什么不把渔船作为贷款的一部分，用来支持资源捕捞的监测研究呢？"于是诞生了"鱼标签"的创意。多年以来经济开发集团一直在使用一种类似的就业标签，跟踪投资和贷款创造了多少就业机会，但把贷款和环保、经营联系起来还是一个新创意。过去 CEI 尝试过从环保角度进行筛选，然后根据筛选结果清除问题贷款，但伊丽莎白解释说："尝试了 15 种不同的可持续性方法之后，我们意识到被动的标准解决不了根本问题，根本问题在于缺少信息。但‘鱼标签’却能解决这个问题。”

从1999年起，CEI发放了260万美元“鱼标签”贷款，还从其他渠道获得了380万美元融资，创造了95个新的就业岗位。和贷款相关的“鱼标签”涉及参与调查项目的70个渔民，这些项目解决了非常广泛的行业问题。8个项目得出的数据直接用于渔业经营计划。这些调查提供了关于龙虾、虾、红蟹、马蹄蟹、鲱鱼、牙鳕和野生大西洋鲑的新信息。有一个项目用实验设备演示减少兼捕渔获的有效方法，缅因州因此获准开办限制性的商业牙鳕渔场。几次减排努力涉及范围甚广，从安装效率更高的叉车到安装新的废水处理系统。“鱼标签”还关注公共卫生问题，监测贻贝遭受毁灭性打击的赤潮及染病的情况。

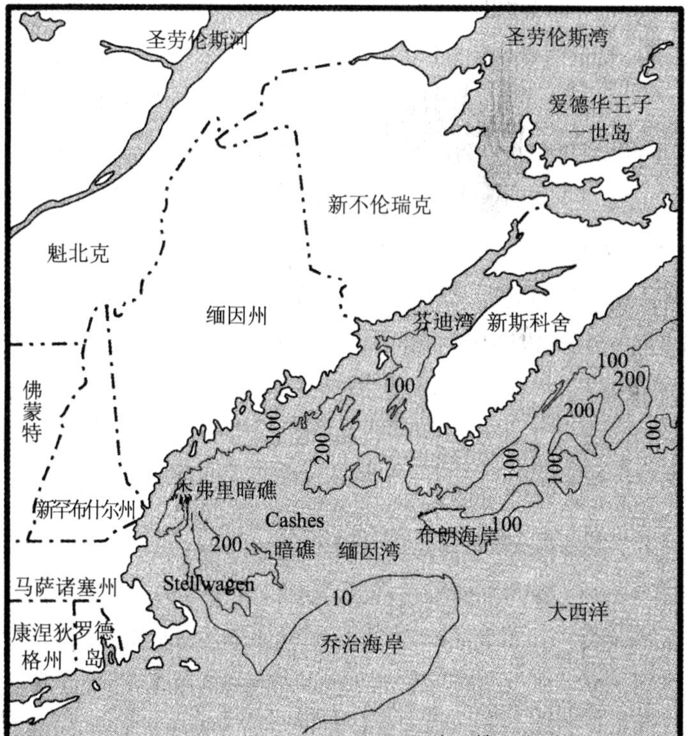

图4.1　缅因湾捕鱼场地图

“鱼标签”项目的成功对渔业经营和渔船主的生计具有重大意义。F/V

Krystal James 号船长约翰·威廉姆斯第一个参与了“鱼标签”项目。席汉说：“我们认为红蟹是一种没有得到充分利用的资源，但对生物量最后一次真实的调查是在 1977 年完成的，而现在是 1997 年，20 年已经过去了，”席汉补充说道：“用这么久以前的生物量估值来对现在的渔船进行投资，我们觉得很不放心。”因此，红蟹“鱼标签”工作启动了。威廉姆斯船长将自己的公司作为 CEI 的一部分，展开了特别监测，利用电子设备跟踪报告其捕捞的深海红蟹种群规模、性别和水温等数据。他的渔船目前正在与达灵顿海洋中心合作，重新进行新生物量估值的调查研究。信息将纳入未来的经营计划，为管理者提供实时信息，帮助确定捕捞量是否需要调整。

很多时候，CEI 能够协调渔船和调查项目科学家之间的关系。此时，来自新英格兰顶级研究机构的 21 名科学家也参与进来。很多渔船发现扶持性的调查项目根本就不会构成负担，而成为重要的额外收入。“鱼标签”项目的最终结果是渔船得到了政府、基金会和私营研究机构提供的另外 36 万美元投资。席汉称这种合作关系非常成功，因为出海收集准确的数据需要很大的投入。

“鱼标签”合作是投资、行业长期健康发展和监测工作相结合的成功范例，侧面强调了对社会负责任的借贷和投资。玛莎·格里克曼和马乔里·凯利在一份电子杂志中写道：“对社会负责的投资（SRI）是一个古怪的混血儿，一半是资本主义途径，一半是行动主义工具。”[1]仅仅 6 年时间，SRI 就翻了一番，达 2.164 万亿美元。过去 3 年中股东的支持增加了 15%。行动主义者团体发起了 310 项关于社会和环保事业的决议。尽管最终没有几项获得通过，但参与投票的股东比例持续攀升。[2]

这些资金从三个主要途径影响社会事业：

- 筛选当中，特别青睐那些遵守社会和/或环境标准的投资，同时还遵守符合社会标准企业“采购清单”要求的投资，包括环保、雇佣关系、产品生产活动和人权问题等方面。
- 股东的提议主要表现在提交代理决议，并且参加代理决议的投票。这些工作能够通过强调全社会关心的问题和企业管治问题将管理引入新的方向，目的通常是让别的股东了解企业的经营管理实践。
- 社区投资主要是将资金从投资者转到社区层面，特别是得不到充分服务的人群，即急需解决住房、小企业发展、环保和社区服务问题的人群，如保育服务和保健服务。

CEI 的“鱼标签”工程是一个范例，展示与环保成就相关的定向投资如何产生影响。还有一个例子是团体的倡议，如“雨林行动网络”和“山茱萸联盟”，他们利用公开活动，把企业和有问题的环保记录对应起来。这些活动包括强迫企业执行决议，从而得到预期的结果。近期“欧迪办公”迫于“联盟”压力，同意改变采购清单。这家公司赞助了以提高回收产品利用和结束来自濒危生态系统（包括加拿大北部的森林）原材料采购为目的的研究和教育活动。

因此，土地信托怎样才能够受益于如此巨大的投资呢？除了提倡负责任的投资以外，保护产权投资理念也会进一步产生效果。让我们回到 20 世纪 80 年代初期，那时莱姆木材公司还是一个很小的林地投资合作企业。就像合作伙伴彼得·斯泰恩所说的：完全出于巧合，莱姆公司买下了几块保护地，很快发现自己正在学习和国家园林局、州立机构，还有对收购莱姆公司持有土地感兴趣的保护组织合作。斯泰恩回忆到：“我们第一个大型交易是融资收买一个家族企业，这家企业有工厂和 7.3 万公顷林地。莱姆公司从工厂抽回了资金，但保留了土地。很快公共土地信托（TPL）和 TNC 就敲响了莱姆公司的大门，他们想买下保护地。”那时，斯泰恩正在公共土地信托工作，并且已经注意到了与私营企业合作进行林地交易的潜力。“但在 TPL 谈判收购老‘美国制罐公司’的 4 000 公顷土地之前，土地收购还没有真正被炒热。虽然 TPL 只能买下 4 000 公顷，但制罐公司/Premerica 却想卖掉全部 3.6 万公顷土地，因此我想到了莱姆公司。几年后，我就职于莱姆公司，有机会帮他们开发了一些保护交易。”

从斯泰恩加入公司以来，公司的每笔交易都将环保作为目的之一强调遵循。在全部 65 个项目当中，木材交易达到 50 个之多，民间资本与保护利益相结合，使其成为非常有效的投资。

2002 年，公司又筹集了 6 500 万美元投资，进一步增加保护森林投资。“只要想，我们就能筹集到 1 亿美元，”斯泰恩说。实际上他们只用 90 天时间和 19 000 美元就能筹集到这个组织在未来 3 年时间所需要的资金。“我们并不想做纯交易，这不是我们的强项。我们知道保护和森林才是我们的业务计划。”

非营利组织也尝试过筹集保护投资，但收效甚微，斯泰恩说这种业务模式存在缺陷。“投资者不信任非营利组织，因此不愿意投资。我们有丰厚回报的跟踪记录，而非营利组织却缺乏投资技巧。他们有的是出色的保护技能，所以我们合作分析、管理森林投资资金。”

莱姆公司在全美开展项目的同时，也承认他们的强项在东部。斯泰恩说，要取得成功，需要了解当地情况、有得力的合作伙伴，还要有相关投资者回报的跟踪记录。也就是说莱姆公司不会成为一个拥有上亿资金的基金会，其他拥有综合技能的地区性投资者有充分的空间创办基金会。莱姆公司正在拓展业务范围，收购西部的牧场，斯泰恩说西部适用同样的业务模式。“你可以和保护组织合作收购牧场，这样土地管理权和受限制的开发策略就能保证土地的完整性，同时还能部分保留可持续经营景观。他们正在融资收购我们的股票，所以说保护资金的利用非常有效，这样对我们非常有利，因为我们可以用保护资金充实我们自己的资金。”

别的团体也在考虑保护森林投资资金的问题。例如，从前的风险资本家约翰·汤姆林，他曾经因为和维斯塔集团从事私募基金业务而声名大振。目前，汤姆林正在和保护组织合作募集资金投入可持续林业企业。汤姆林说：“我的第一个孩子一出生就有非常严重的疾病，那时作为风险资本家和企业家，我忙于谋生。但我必须从业务当中挤出部分时间专心照顾家人。这样我就有大量时间考虑生命中最重要的事情到底是什么？以后我要做什么？”在这个过程中，汤姆林认识了安德森，安德森是土地与环境研究中心（PERC）的执行总裁，该中心是一个从事环境与保护问题市场方法研究和宣传的非营利组织。“我开始考虑一个商业理念，让保护组织和民间资本合作，以双赢方式解决问题。因此我得到了宝贵的机会，用可持续林业检验我的理念。”

抱着这个想法，汤姆林建立了保护林业有限公司。他想把保护林业有限公司发展成为保护林业交易的出色林的地投资资金管理公司。他的理念是要建立一个投资管理机构，将私募资金和保护资金结合起来收购、经营大面积的森林景观。投资资金也一样，用于维护并强化森林的保护价值，同时还要为私人投资者提供具有竞争力的回报。林地收购是私募资金和保护组织之间的一次合作。汤姆林说：“把林地卖给合作的保护机构，在收购的时候货币化林地的保护价值，这样能够降低私人投资者收购林地的成本。因此在后面的年份中，投资回报以可持续木材的现金流量为基础，而不是以投机开发价值为基础。”这种方法使保护主义者能够从大规模林地交易中取得利益，因为交易的规模，还因为大部分土地的保护价值偏低，所以不会产生收购成本。保护组织有能力与保护林业有限公司一起竞标，他们能在更大范围内运作，同时仅投入必要的资金购买他们想收购的保护价值。保护林业相信自己的方法能够降低投资者风险，因为他们会限制前面提到的保护价值收购费用，通过保护社团的交易网络，他们还能够得到宝贵的机会，并从中受益。TNC 的森林项目总监肯特·吉尔吉斯也是这个理念的支持者，他指出：“因为林业改组和财产、权利的丧失，在未来 10 年中会有 600 万～1 200 万公顷林地转手。对于保护组织来说，这是一次历史性的机遇，他们可以大幅度提高在目前用于满足林产品行业纤维需求的大面积栖息地经营中占有的股份。存在的挑战是我们需要得到巨大的资金来源，这样才能抓住机遇。”

热心公益事业的股东、有社会责任感的投资者和环保组织都显示出了投资实力。CEI 的总裁罗恩·菲利普斯称之为“资金实力集团”。利用资本投资，通过贷款或产权投资来影响所有与我们合作的企业、他们的竞争者和客户。这笔对社会负责任的投资高达 2.1 万亿美元，如果我们能够集中投资力量，这笔钱就会产生巨大的优势。莱姆木材公司、“鱼标签”，还有很多别的例子也都证明了这一点。

专栏 4.1 投资态度

监督与调查机构

环境责任经济联盟（CERES）

电话：617-247-0700

网址：www.ceres.org

环境、投资者和支持者组织的联盟，为企业进行环保行为评分，最高分 10 分。

社会投资论坛

电话：202-426-5270

网址：www.socialinvest.org

专业金融机构的非营利成员组织，促进对社会负责的投资（SRI）

行为和发展。

SRI 期刊

商业道德

网址：www.business-ethics.com

SRI 行业历史最悠久但依然领先的编年史。

绿色财富杂志

电话：800-849-8751

www.greenmoneyjournal.com

时事通讯季刊和出色的网站。

投资基金与管理者

沿海企业有限公司

缅因州维斯卡西特市

Water 大街 36 号，04578-0268

268 信箱

电话：207-882-7552

网址：www.ceimaine.org

Lyme 木业

新罕布什尔州汉诺威市

南大街 23 号

电话：603-643-3300

网址：www.lymetimber.com

保护森林有限合作公司

蒙大拿州利文斯顿

北二街 105 号 233 号公寓，59047

电话：406-222-9790

邮箱：JMTomlinMT@aol.com

第二篇　创建新的环境市场

5　碳和森林

不制订规则，大自然就会变得像自助餐，什么人都来拼命吃，没有人会放弃自己的机会。

——理查德·桑德尔（摘自戴利和埃利森的《自然新经济》）

20 世纪 90 年代初，在玻利维亚工作的保护主义者丹·奎因和赫尔墨斯·贾斯汀尼亚诺正在奋力对抗诺尔·肯普夫·梅卡多国家公园即将到来的威胁。尽管合作加强公园管理已经 10 年，保护区周围持续的商业采伐一直在吞噬公园周围重要的缓冲区域。目前邻接的 60 多万公顷土地因为政府批准了采伐特许权也受到了威胁，当时政府对采伐几乎不加控制，一条长达 500 多公里的新修道路横穿森林。第一次采伐已经给这里森林“打了高分”，所有的桃花心木被洗劫一空，现在针对不太有名的本土物种进行的第二次采伐已经开始了。另外，随着来自附近圣塔库司和穿越巴西边境的移民持续大幅度增长，政府还考虑清理土地另作他用。就像丹·奎因说的那样：“我们能看到亲笔签署的特许权。如果不是今天的努力，把公园拓展成具有生态可行性边界的机会将会永远失去。”在旱季里，公园里很多鸟类和哺乳动物都迁居到相对矮小、潮湿的商业林区。扩大商业林区能够增加宝贵的栖息地，保护另外 60 多种鸟类。然而制止采伐，把土地并入国家公园需要大笔的财务支出。政府那时还收取木材费，同时上百采伐工人受雇从事这个行业。这两项都需要补偿，但到哪儿去弄这笔钱呢？奎因评论说：“买断采伐特许权不仅仅代价高昂，当地社区也害怕失业，同时他们还迫切需要收入来源支付保健和教育费用。”奎因和贾斯汀尼亚诺的工作的确让人郁闷。

玻利维亚有 5 300 万公顷森林，森林覆盖比中美洲和墨西哥两个地区森林覆盖的总面积还多。但直到最近，玻利维亚的森林还在遭受着严重的破坏。每年采伐的森林面积平均接近 20 万公顷，高价值木材供应用不了 10 年就会灭绝殆尽。诺尔·肯普夫的状况尤其脆弱，美洲虎、大河獭和 9 种金刚鹦鹉都要依赖完好的森林和清洁水源才能生存。在如此艰难的时刻，一个独一无二的碳减排项目增添了新的活力，那就是环保和可持续经营。这个观念的关键就是意识到通过制止商业采伐，就能防止大量的碳排入大气，从而抵消来自其他途径的排放，如燃煤电厂。

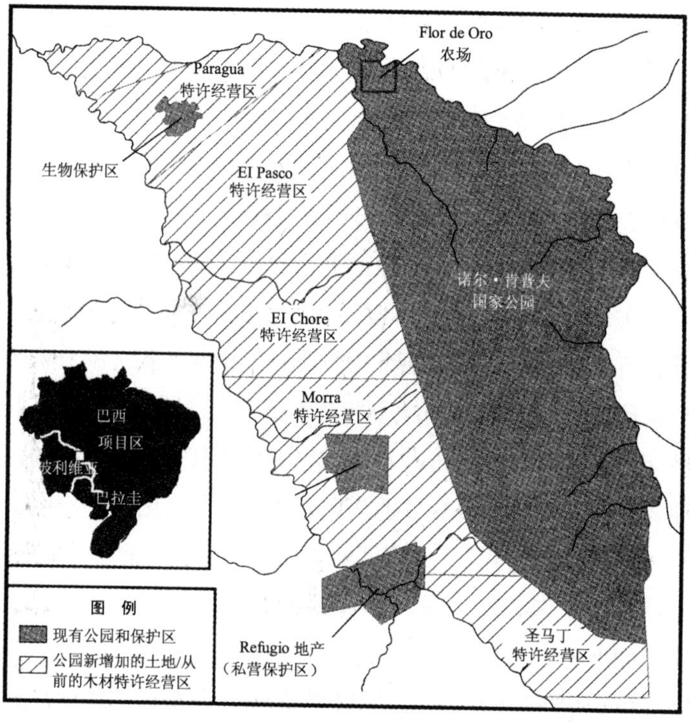

图 5.1　诺尔·肯普夫国家公园

如果能够证明保护森林就能降低排放到大气中的碳总量，那么就能建立碳减排“信用”或者碳汇“信用”了。需要减少碳排放的企业可以购买这种信用，这样就能建立一个高效的市场，碳排放者就能将社会作为一个整体，为其选择成本最低的方法。防止碳流失到大气中能够加强森林保护，同时还能解决眼前的气候变化问题，所有问题都能得到更加圆满的解决。

环境能够为健康发展的经济体提供非常重要的服务，这是让企业投身保护“自然资本”工作中一个新的关键理念，“自然资本”和生产或财务资本一样，能够为社会带来很多好处。布莱恩·李希特和桑德拉·波斯戴尔说：“迄今为止，生态系统保护的经济效益在很大程度上都被忽视了，因为大自然提供的生命与支持服务在市场上得不到重视……因此，我们更多会去消费自然财富，而不会去计算自然的损失。”[1]

美国电力（AEP）、太平洋公司（PacifiCorp）和英国石油公司（BP）加盟的一个投资财团，1997 年投入了 960 万美元初期投资支持贾斯汀尼亚诺的集团公司——一个叫做“Fundacion Amigos de la Naturaleza”（FAN）的玻利维亚土地信托公司，为他们提供了买断公园邻近 60 万公顷林地采伐权的资金，从而使公园的面积增加了一倍。项目可望在 30 年中减少 700 万吨碳排放（或 2 500 多万吨 CO_2）。利害关系举足轻重，因为全球范围内因采伐造成的毁林每年产生将近 25%的 CO_2 排放。

尽管目前《京都议定书》已经批准生效，似乎项目减少的碳排放还不能马上产生市场价值，因为美国政府一直在反对这个协议。但美国电力总裁兼首席执行官 E·林恩·德瑞普把投资看做企业准备进军未来碳市场的一个途径，他说：“我们已经开发了先进的技术，能够精确监测、验证森林生态系统吸收的碳。我们希望这种合作能够促进其他机构的行动，让相关政策的争论能够意识到这个重要的问题。”[2] 尽管投资者当中没有人在玻利维亚享有重要的商业利益，但这些企业相信保护工作的前景一定相当惊人，每个企业都期望在国会和其他论坛讨论碳和气候相关的问题时，能在谈判桌旁占有一席之地。

在像玻利维亚这样经济面临挑战的环境中，真正实现碳减排的策略不能局限于不动产交易。捐助基金和商业化绿色产品只是保护诺尔·肯普夫·梅卡多国家公园的一部分内容。可持续发展必须作为项目的主要目标之一。沿公园边界居住着 1 000 名居民，决定这些居民的可持续未来对于公园的未来意义重大。FAN 从当地社区雇佣的保安占到总数的一半还多，充分利用他们对当地的了解和能够向其他社区的成员解释保护原则的能力。另外，项目还设立了小型企业周转基金，如棕榈树人工林和农林项目。更重要的是项目帮助当地社区取得了本土居民的合法地位，捍卫了他们在村子周围的土地管理权。

诺尔·肯普夫项目在制订、遵守玻利维亚保护议程方面还取得了更多间接但非常明显的成果。项目建立起来的诚信度吸引了美国 AID，他们承诺提供一大笔捐助，有了这笔钱就可以开展一个范围更广的可持续森林经营项目。直到近期，玻利维亚森林的无序采伐才开始，有史以来这个国家的森林覆盖一直接近 1/2。部分私营企业垄断了这个行业，木材交易将近 90% 是桃花心木、橡木和杉木。对销路好、正在采伐过程中的树种始终虎视眈眈的企业通常会毁掉大量珍贵但不太有名气的树种，过去这些树种通常会烂在森林里。通往这些最受欢迎的森林的道路加剧了侵蚀、水污染和无计划移民，进一步加大了环境的压力。

破坏活动促使玻利维亚政府和美国 AID 在 1993 年创立了“玻利维亚可持续森林经营项目”（BOLFOR）。第一个阶段的工作非常成功，2003 年末第二轮 1 500 万美金的投资得到批准。新工作的重点放在创建真正可持续的林业上。在这个行业当中，采伐活动和不太有名气的物种利用会更加合理，从而加强林业对经济的贡献，同时还能大大降低过去的采伐对环境造成的破坏。

第二个受诺尔·肯普夫项目启发、获得了成功的保护工作案例是和玻利维亚政府签订了“国家实施扶持合作伙伴关系”（NISP）协议。2004 年 2 月，在《生物多样性公约》缔约方会议上，各国政府在商谈“全球保护区行动计划”。国际 NGO 联盟推出了一个为期一年的活动，试图影响磋商的结果。188 个国家的政府第一次正式同意建立全面、具有生态代表性、管理有效、投资状况良好的国家和地区性保护区体系，到 2010 年建成陆地体系，到 2012 年建成海洋体系。[3] 各国政府围绕这个总体目标，制订了一整套雄心勃勃的具体目标、时间安排和各自的保护区行动。

NGO 联合行动，帮助各国政府阐明为了实施《生物多样性公约》即将在各国推出的协同活动。玻利维亚是最早同意正式备忘录的国家之一，部分原因归功于碳项目的成功起到了积极和建设性的作用。

2000 年，在诺尔·肯普夫以及在伯利兹、巴西推出的类似项目（碳带来了 3 000 多万美元投资）获得圆满成功之后，碳减排和保护工作紧密相连的新时代似乎已经露出了曙光。然而，几个因素共同影响了诺尔·肯普夫类似项目的发展。首先，美国作为全球最大的碳排放国没有批准《京都议定书》，成为公用事业、汽车生产商和各国政府投资市场的最大障碍。更重要的是根据清洁发展机制（CDM）条约规定，作为合法行为进行森林保护非常困难。人们通常认为 CDM 规定会促使发达国家各行业进行和碳相关的投资，提高发展中国家的经济。迄今为止，通过森林保护取得碳汇还没有获得认可，其他碳减排范畴中，非常有前景的 CDM 项目仍在努力争取早日启动。因此，仅有几个与保护相关的重大碳投资项目已经实施就不足为奇了。

尽管美国政府官方并不支持《京都议定书》，但私营部门仍在推进市场机制。“芝加哥气候交易”（CCX）在 2003 年末开始交易碳信用，其他国家也通过《京都议定书》争相实施碳减排，美国的跨国公司都对交易工作表现出极大的兴趣。CCX 为企业建立了正式的机制，通过现场减排、排污交易和通过 CDM 途径批准的有限几个碳抵消项目来实现法律规定的减排目标。CCX 为全面的标准架构奠定了基础。有了这些机制，上一年的碳交易与需求相比虽然尚且微不足道，但也已经翻了几乎一番，随着企业对市场的信心增加，价格也在节节攀升。但因为森林保护没有获准成为 CDM 的一部分，至今保护项目仍旧不在交易计划当中。

然而在美国还是出现了新的策略，对保护项目必将具有深远的经济意义。受俄勒冈州和马萨诸塞州早期工作的启发，22 个州都在考虑或已经实施了碳汇法律，几个政府间组织正在推进各种活动，如“东北地区温室气体活动”。这些开展地区性和本土活动的新策略对于保护组织来说不啻为重大喜讯。一个原因就是欲借助变化的州计划进行谈判的企业可能会呼吁制订新的联邦立法。TNC 的碳专家比尔·斯坦利解释说：“如果有相当数量的州开发各自的碳市场，工业和联邦政府迟早都会明白长期来看，一个统一的国家体系会发挥更大的作用。”

于是各州都接受了这个挑战。加利福尼亚州就是其中之一，他们出台了一个雄心勃勃的计划，要求汽车生产厂在今后 10 年减少 CO_2 和其他会造成全球变暖的气体排放量。尽管这个计划可能会引起法律纠纷，但加利福尼亚计划要求制造商到 2009 年必须减少 CO_2 排放，到 2015 年实现减排 30% 的目标。[4]

2003 年 8 月，东北部 9 个州宣布将要发展区域性碳交易计划，减少电厂的 CO_2 排放。这 9 个州正在制订区域性排放限额示范法，贸易计划则要包括以土地为基础的碳抵消示范法，如玻利维亚项目。这个项目在纽约州州长乔治·E·帕塔基写信给缅因州、马里兰州等 11 位州长，请他们参与制订 2 年内包括电厂 CO_2 排放在内的区域性限额交易计划时，才得以实施。到 2003 年 7 月，纽约州州长得到了 8 名州长的积极回应。讨论过后，来自东加拿大省书记处和新不伦瑞克省的代表率先同意了这个进程。

8 名州长的积极回应并不让人感到意外。所有东北部和大西洋中部各州都处于温室气体减排研究或实施的不同阶段，例如，2000 年 4 月新泽西州实施了到 2005 年，实现州温室气体排放量比 1990 年水平降低 3.5%的目标；新英格兰州州长和东加拿大省省长于 2001 年 8 月发布了“气候变化行动计划”，呼吁到 2020 年温室气体排放量比 1990 年水平降低 10%；“纽约州能源计划”呼吁到 2010 年该州碳排放比 1990 年水平降低 5%，到 2020 年比 1990 年水平降低 10%。这个区域性限额交易计划将协助各州实现各自的具体目标。

缅因州一直在研究积极的林业和农业投资如何促进该州温室气体减排的问题。在这些领域，潜在的影响因素包括：

- 林地保护。即使在农村，林地已经在过去 15 年中以 8 万公顷的速度被转为城市用地。植被的消失使大量碳释放到大气中，同时导致了碳汇潜力的降低。
- 增加速生林或比天然林吸收碳速度快的人工林针叶树种存量。
- 尽早进行商业性疏伐或者进行较轻程度的采伐以促进树木生长，从而以更快的速度聚积更多的碳。
- 延长轮伐期。缅因州不同林分的平均轮伐期已经由 1982 年的 68 年降低到 2003 年的 55 年。这种措施会增加轮伐期碳汇时间。

不是所有这些都对林分具有积极的生物多样性或保护价值，它们可能会在未来若干年中引发大量的争议。例如，把本土林分转为速生人工林可能会增加碳储存，但却大大减少野生生物栖息地。

保留下来的碳与缅因州减少温室气体排放的法律目标——每年约 100 万吨 CO_2 相比，似乎还比较有利。[5] 这些计算方法没有一个是围绕实现这些目标所需要花费的成本来谈的，但却证明很多行动对缅因州这样的农业州所面临的温室气体问题确实具有积极作用。

表 5.1 缅因州林业温室气体储存情况

到 2020 年平均每年减排量（碳汇周期为 100 年）	CO_2 排放/吨
林地保护	477 020
提高速生林存量	737 040
尽早进行商业性疏伐	282 390
进行程度较轻的采伐	3 310
延长轮伐期	（没有一致意见）
每年总计	1 521 510

来源：缅因州温室气体行动计划，2004。

“中西部森林恢复项目”证明了以林地恢复为基础的碳策略潜力。印第安纳州曾经拥有 800 万公顷的森林植被。经历了 150 年的农耕之后，只有 800 公顷原始森林完整保存下来。TNC 出台了一个项目，重点放在中西部最具有生物多样性的景观之上。这里有高低不平的林地、源自大草原的瀑布、巨大的海岬和清澈的小溪。20 世纪 20 年代末，这片土地吸引了杰出的生态学家 E·露西·布劳恩，因为这里独特的地理条件和深层石灰性基质使其成为与众不同的生物资源。但因为 90%的森林都转为农业用地，重建本土森林、恢复生态系统需要付出大量的工作。多亏辛辛那提能源公司的 50 万美元投资，才得以在约 400 公顷主要生态保护区内实施这项计划。当时的目标是沿水滨走廊地区种植 2.7 万株本土树种，并逐步扩大老种植区的面积，如 TNC 的印第安纳州大胡桃木自然保护区。计划的设计者期望能够避免或者减少预计 15 万吨碳排放。尽管数量和诺尔·肯普夫承诺的 700 万吨相比不足为道，但这个项目指明了美国碳减排推动的土地保护投资资金的分配方向。

太平洋森林信托（PFT）是一家重点考虑西海岸森林前景的土地信托公司，这家公司凭借“森林永续基金”开辟美国碳项目的先河，建立了太平洋西北部私营林地森林碳信用“银行”。PFT 通过保护土地所有权保护了所有碳项目，保证碳能够储存下来并且得到保护。至少有一个电力公司——佛蒙特州的绿色山脉能源公司已经购买了信用。项目的科技基础成就了创新研究，研究结果显示按照 PFT 碳项目的保护土地所有权要求，将花旗松林分的轮伐期从标准的 40 年延长到 90 年，这样碳捕获量就能接近翻番。[6]

PFT 一直在清除美国实施碳汇项目的障碍，如缺少记录和监督信用的标准方法等。他们最先建立了非营利性质的加利福尼亚气候行动登记体系。凭借这个项目，加利福尼亚州成为这个国家第一个建立了可靠、标准和实用体系的州，用这个体系就能清查、监督、报告林碳变化。[7]

即使有了发展中国家和区域性市场，规划森林项目仍然是一项具有挑战性的工作。很多林地所有者错误地认为拥有森林就能让他们拥有碳信用。毫无疑问，所有的森林都有助于保持大气中的碳平衡，当前所有市场中的碳项目要从事“额外”工作才是合格的，也就是说碳项目必须不同于常规交易。这样验证原来没有树木的土地上是否新种植了树木就变得简单了，如阿帕拉契亚边缘项目。改变现有林地的管理方法能够提高碳储存，要证明这一点难度更大，特别是考虑进行连续采伐的时候。项目需要实施周密的监督体系追踪储存下来的碳，同时还要规定土地使用权或者其他永久性限制，这些限制依法执行碳汇要求，PFT 就是这样做的。

1982—1997 年，美国总共丧失了 465 万公顷现有森林用于开发，随着大量地块被一分再分和不断开发，林地的平均面积正在逐渐减少。自 1990 年开始，据 PFT 称，美国每年的林碳储备逐年减少。因为私有森林的减少和不可持续采伐，这种趋势预计至少要持续到 2020 年。[8]20 世纪中期美国森林覆盖面积经历了一次短暂的反弹后持续下降，碳汇项目将民间资本投入天然林提供的环境服务，因此可能给后代子孙保护森林资源带来最大的希望。

专栏 5.1 解决林碳问题

尽管保护森林对于维持全球碳循环非常重要，了解碳信用或投资必须集中用于建立新的碳吸收源也非常重要，如诺尔 · 肯普夫项目，通过植树或防止毁林或退林还田等方法。因为拥有现有的林地不等于你就能够从事交易业务。

额外情况测试

没有投资，土地的碳汇潜力就会降低、完全失去或根本就不会产生。潜在符合要求的项目案例：

- 在森林已经消失很久的地方重新植树造林。
- 预防林地在不久的将来用于开发或转作他用。（如果别国政府采取的行动可能会防止上述损失，如分区或管理，那么就不太可能提出碳信用要求了。）

有的项目采用很多方法很难达到要求：

- 保留几乎没有受转为他用威胁的现有林地或森林。（不太可能是因为碳效益已经存在。）
- 逐步改善森林经营。（这一做法能够得到单位面积的低碳值，很难测算并达到和努力相匹配的程度。）
- 如果项目通过市场力量已经产生，如认证或联邦、州资金已经到位。

合作伙伴测试

因为只有有限的市场，项目中资历老的人员提出：联合起来组成合作伙伴关系购买信用绝对非常重要。在市场成熟之前开发投机项目纯粹是浪费时间，先去拜访当地的公用事业和能源用户，然后围绕一个理念提出建立合作伙伴关系。

泄漏

现在到了问题的核心部分，你的碳汇是否只是一次性增加了这个星球的碳银行储备。如果改变林地用途随即转到了别的地方，按照道理来讲实际上等于什么都没增加。在诺尔·肯普夫项目中，通过和前任木材特许权所有者达成协议解决了泄漏问题，特许权所有者有义务汇报补偿资金的使用情况，并且有义务在项目区域外合作开展经过特许的可持续林业活动。

永久性

项目必须证明自身的持久性。证据可以是地产的保护土地使用权；也可以是政府或保护机构的所有权。

专栏 5.2　碳项目资源

TNC 全球气候变化活动

美国弗吉尼亚州阿灵顿，22203-1606

北 Fairfax 路 4245 号，100 号公寓

电话：703-841-7436

邮箱：climatechange@tnc.org

网址：http://nature.org/initiatives/climatechange/index.html

太平洋森林信托

加利福尼亚州圣罗莎，95403

Aviation 大街 415 号，A 公寓

电话：707-578-9950

网址：www.pacificforest.org

温洛克国际

阿肯色州莫里尔顿温洛克大街 38 号，72110

电话：501-727-5435

传真：501-727-5242

弗吉尼亚州阿灵顿，22209

北肯特大街 1621 号，1200 号公寓

电话：703-525-9430

传真：703-525-1744

一个专门从事气候工作的私有非营利机构

表 5.2 州与地区气候变化控制工作实例

地区：大西洋东北与中部各州
地位：东北地区温室气体活动（10 个州的州长创建的项目）
描述：多个州的温室气体（GHG）排放限额交易计划。项目最初的目标是实现各州的电厂 CO_2 减排，同时尽可能保证各州能源的可承受性、可信性和供应，以及政策和计划的多样性。当前的目标是到 2005 年 4 月或更早的日期达成项目设计协议。在电厂的限额交易计划实施之后，各州可以考虑将项目范围拓展到其他资源。

地区：加利福尼亚
地位：参议院第 812 号法案，2002 年 9 月 7 日州长批准
描述：要求“加利福尼亚气候行动登记体系”（1）采用一个项目或参与方行动实施的温室气体减排报告和认证程序与规程；（2）采用加利福尼亚州本土森林保护区保护工作和保护经营的碳储存和 CO_2 排放程序与规程；（3）采用规定的温室气体减排报告和认证程序与规程。

地区：加利福尼亚
地位：议会第 1493 号法案，2002 年 7 月 22 日州长批准
描述：州委员会应在 2005 年 1 月 1 日前制订并实施法规，以最合理、最具成本效益的方法实现机动车温室气体减排。法规只适用于 2009 年和下一个示范年。

地区：康涅狄格州
地位：公开法案 90-219 H.B. 5696（1990）
描述：康涅狄格州通过了第一部州全球变暖法，要求采取行动减少 CO_2 排放。法案制订了一系列节能措施，赋予签发气体排放许可的环保专员权力，命令可以种树或种草抵消排入大气的 CO_2。

地区：爱达荷州
地位：参议院第 1379 号法案，2002 年 3 月 27 日州长签署
描述：创建了“碳汇顾问委员会”和“碳汇评估基金”。

地区：缅因州
地位：87 号立法资料，2001 年 4 月 6 日州长签署
描述：要求环保部建立自愿温室气体排放登记体系。缅因州在新英格兰州州长/东加拿大省省长（NEG/ECP）支持下，已经投入了相关工作，到 2010 年温室气体排放量比 1990 年水平降低 10%。

地区：马萨诸塞州
地位：DEP 法规 310 CMR7.29，2001 年 4 月 23 日发布
描述：要求马萨诸塞州 6 个污染最严重的电厂到 2004 年 10 月 1 日达到 NO（1.5 磅/兆瓦时）和 SO_2（1.5 磅/兆瓦时）排放限制要求，立即开始监督、汇报汞排放情况。工厂经营者可通过提高工厂效率或从 DEP 批准的 CO_2 减排项目购买信用满足标准要求。

地区：明尼苏达州
地位：土地和林业划分法第 88.82 条（1999）
描述：明尼苏达 ReLeaf 项目由自然资源部创立，鼓励、促进并资助该州植树、维护和改良树种，从而降低大气中 CO_2 水平，促进能源节约。

地区：	内布拉斯加州
地位：	957号立法法案，2000年4月10日颁布
描述：	创建了碳汇顾问委员会，记录并量化农业活动相关的减排；规定了职责义务；建立了碳汇评估基金。 立法目的是让内布拉斯加州的农民/牧民进入碳市场。
地区：	新罕布什尔州
地位：	众议院第284号法案，2002年4月州长签署
描述：	没有明确提到碳汇补偿，但通过实施法规为碳汇留出了空间："受影响的资源可以使用来自联邦或地区交易与银行项目或众议院认可的其他项目的 CO_2 补贴，从而达到 CO_2 排放限额要求……"
地区：	俄勒冈州
地位：	众议院第2200号法案，州长签署，2002年1月生效
描述：	建立项目推出非联邦林地的林业碳补偿，要求州林务局长开发林业碳补偿核算体系。法案定义了林业碳补偿，授权州林务局长与非联邦林地所有者签订协议，作为市场手段，代表非联邦土地所有者登记、转让或出售碳补偿。同时还允许州林务局长代表"森林资源信托"营销、登记、转让或出售碳补偿。

6 大自然银行

“土地应当是多产的。”沃纳·格伦、比尔·米勒和雷·特纳不约而同地都和我提起这句话。他们这样说阐明了传统的基督教的观点，即人类管理地球上的生物。他们聚在一起讨论怎样保护“荒野”，使它不因开发而失去自然的价值。他们认为，除非这些土地有经济效益，否则将难以抵御开发的压力。这种压力正从几乎每座城镇向外螺旋式地扩展。

——维林·克林肯伯格《跨越边界：来自贫瘠土地的好消息》

美国西部的很多地方，由于外来入侵的有害杂草取代了本地草种，草场的生产力正在衰退，此外，一个世纪以来对于草原火灾的抑制和过度放牧加快了树木和灌木的生长。在新墨西哥州北部，从 1935 年起由于树木和灌木的侵占，当地植被中牧草的组成已经比当年减少了 55%。[1] 这种变化不仅局限于隔离的地区，对整个西部的研究表明，在牧草损失的情况下木本物种在增加。这样的物种更替减少了景观的生态多样性，同时给牧区带来了严重的经济压力，因为牧草资源的衰退影响到食草奶牛的生存。西部炎热和干燥的环境中，6 000 公顷的土地仅够供几百头牛生存。[2] 在这种情况下，即使草场生产力微小的改变也会造成经济灾难，这将迫使牧场主放弃放牧转向开发。

草场恢复的机制很清楚。重新引入火耕，清除累积的木本植物残体，控制外来入侵物种，并进行更科学的放牧活动。然而很难做到实施这些方法而不损害到养殖业。在草场恢复过程中，牛群要被转移数月，以便清理木本植物残体并让牧草重新生长，即便这样，仍然需要几年的精心管理才能恢复到历史最好水平。大部分牧场主即使准备做这项工作，在实施项目期间也没有地方安置他们的牛群。简单地把牛群永久转移不能解决问题。如果没有致力于恢复草原生态的牧场主，那么入侵物种就会占据草场，草原历史上的食草动物美洲野牛和驼鹿也就无法再回来。如今在西部大部分地区，它们的地盘已被放牧牛群所取代。除了在很少的进行特殊管理的地区，它们很难再成为保持草场干净的活力因素。

为了解决这个两难问题，草银行的概念诞生了。草银行在草场恢复期间为牧场主提供了保持牛群的实际解决办法，即在实施恢复期为牛群提供一个放牧的替代场所。草银行起始于 1994 年，源于新墨西哥州的马尔佩（Malpai）边境的思维基金会（Animus Foundation）的德鲁·哈德利的想法。当地牧场用他们牧场上的保护通行权，交换基金会占地 13 万公顷的格雷牧场（Grey Ranch）的放牧权。格雷牧场最初由 TNC 于 20 世纪 80 年代买进，现在属于当地的非营利基金会。这些通行权，等同于牛群在草银行取食的草料的经济价值，包括保护牧场免于细分和其他开发，恢复河岸地区，并准备火管理用的场地。保护组织把草银行中的部分草场分给需要恢复草场的牧场主，使他们的草场在较短时期内得以康复。这种以生物多样性保护为前提的交换方式，已被广泛应用于整个西部约 12 万公顷公共的、部落的和私人的牧场上。

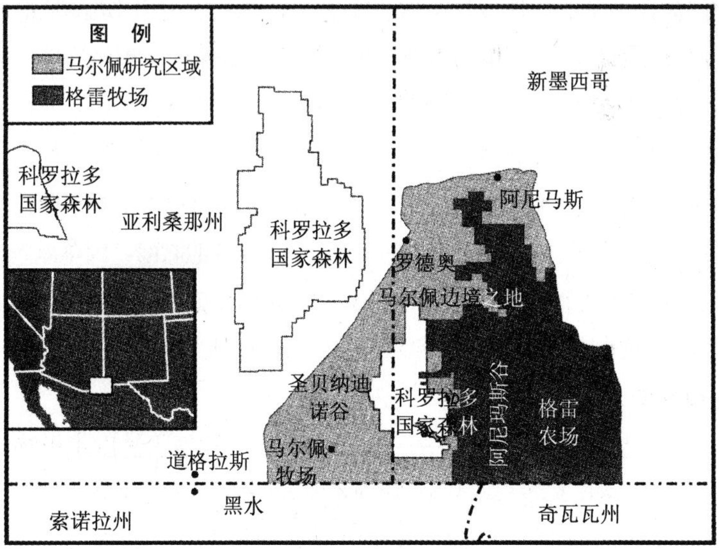

图 6.1　马尔佩边境之地

草银行的概念比恢复机制要更深远，它提倡用一个新方法来考虑社区和草场的未来。真正危险的是开放土地的命运和它的经济正当性。正如威廉·德拜发现的：在西部，一个虽然规模很小但正在成长的组织“马尔佩边境之地”（Malpai Borderlands Group）认为，所有地产的支配权如果都被认为是绝对不可侵犯的，由个人来自行决定如何使用和开发，这将最终导致西部自然生态的破坏和荒野的消失。为此，马尔佩已找到了一些实现保护的可能性。他们提出，只有向马尔佩组织表明，你放弃对荒野的开发权才能使用草银行；你只有对共同的利益作出贡献，而不是只在乎保护自己的利益，才能从周边得到更多的利益。[3]

至少有 8 个草银行已经起步，在保护地边界以外地区进行保护的可能性吸引了很多关注。管理 TNC 蒙大拿州 2.4 万公顷斗牛士（Matador Ranch）草场的林达·普尔解释说：“说到物种保护，你可以把我们这片土地封闭起来，这样你就保护了 2.4 万公顷的保护地，但却使你和周边的社区分隔开来，得不到他们的支持和信任。”她补充说，“但是有了草银行，你就可以和周边社区建立良好合作，就可能在更大的范围内传播保护的影响，获得更大范围的植被恢复，而不是在一个孤立的区域中看到保护成效。”[4]在斗牛士草场，邻近的牧场主因为保护了濒危物种而得到了放牧成本的优惠。美国最濒危的物种黑足鼬和其他稀有物种，例如草原狐和岩鸻需要特殊保护。参与这项保护活动的牧场主在 TNC 拥有的草地上得到了优惠的放牧权。其中一个参与保护活动的牧场主拥有约 320 公顷草场，而这里同时也是草原犬鼠的栖息地。为了保护这块草场上的草原犬鼠，TNC 的研究人员计算出草原犬鼠每年吃掉这片草场中草料的量，折换成这位牧场主在 TNC 草场放牧的时间。因草原犬鼠给他带来的“损失”由此得以补偿。在当地，13 名参与该项目的牧场主都以这种方式得到了补偿，同时，他们都同意不把自己的草场变成农田。[5]

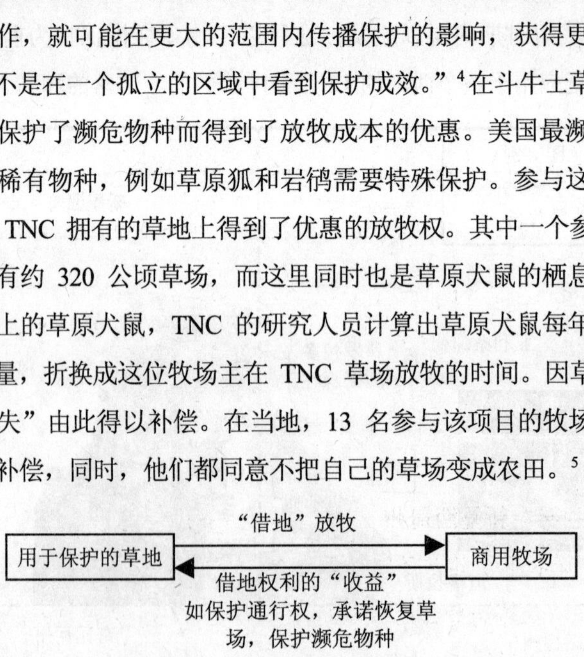

图 6.2　草银行如何运作

草银行的经济学非常有趣，因为仅仅靠不多的资金就产生了这么重大的保护效果。TNC 怀俄明州的哈特山草银行（Heart Mountain Grassbank）就是一个很好的案例。它位于黄石国家公园的东边，范围适中，有 6 000 公顷的草地，每月能养 2 000～3 100 头牛。为了避免开发，TNC 用 100 万美元买下了草场。该地区出租牧场的市场价约为每头牛每个月 25 美元。TNC 向每头牛收取 8 美元，将剩余的 17 美元用于保护。通常这个保护承诺由牧场自己完成，通过去除木本植物和重引入火耕来恢复放牧区的生态。总的算下来，经营草银行的费用每年约 7 万～8 万美元，牧场主付 1.7 万放牧费用，剩余部分通过参与保护工作支付。哈特山和肖肖恩国家森林公园（Shoshone National Forest）密切合作，大部分草银行分配到的放牧地段都在该森林公园，由当地牧场主管理。10 年的实施表明，通过为牧场主提供替代的放牧地点，草银行将使当地公有土地 4.7 万公顷和私有 2.2 万公顷的生态得以恢复。总共 6.9 万公顷土地获得了生态平衡，这相当于哈特山自己拥有的 6 000 公顷土地的 11 倍，而这全部是靠每年 8 万美元的经费完成的。较少的保护投资取得了丰厚的回报。[6]

专栏 6.1 示范草银行项目

格雷牧场，新墨西哥州西北

马尔佩边境之地组织 1994 实施的第一个草银行，这块 13 万公顷的土地最初由 TNC 购买，现在为一个合作机构所有。以放牧来交换草银行成员拥有的土地管理权和草场的改良。

瓦利格兰德，新墨西哥州

1998 年保护基金建立了这个草银行，它包含了 97 公顷私人土地和 1.5 万公顷森林局分配的放牧地段。当地牧场主通过进行计划烧除、疏林和恢复溪流交换放牧的权利。

哈特山牧场，科迪，怀俄明州

这个地区草被稀疏，哈特山在支持本土草原保护和艾草榛鸡、驼鹿及其他物种的栖息地恢复中起关键作用。240 公顷的低地草原容许 6 个牧场主放牧，同时他们要在自己的牧场上执行草场恢复项目和草银行分配的放牧。

太阳河，奥古斯塔，蒙大拿州

TNC 于 2001 年开始建立这个沿着太阳河谷的 150 公顷的私有草银行。当地的牧场主希望用这个模式建立一个集体草银行，它能够包含不从事放牧的土地所有者捐献的小块草地。这些土地所有者以允许放牧来交换现金、防治杂草、防止入侵，而 TNC 保护这些牧场的生物多样性。

维纳草原保护区，拉森丘陵，加利福尼亚州

占地 1 860 公顷的维纳草原保护区在 2002 年变成草银行。它为在自己的土地上进行计划烧除和控制入侵杂草的牧场主降低放牧费用。

斗牛士牧场，莫尔塔，蒙大拿州

这个牧场包括 1.25 万公顷转让土地和 1.17 万公顷州政府和联邦政府租用的土地。从 2003 年起，这个草银行为牧场主提供优惠的放牧交换，以进行杂草防治、草地保护和栖息地保护。

松山保护区，普林维尔，俄勒冈州

TNC 的松山保护区拥有鄂霍诺国家森林（Ochono National Forest）2 780 公顷的放牧许可证。它可以为当地牧场主提供草银行，而它自己的放牧地段和土地管理局的土地可以通过计划烧除、河滨建围栏和杂草控制得到改善。这是西北部太平洋沿岸的第一个草银行。

摘自 Seephanie Gripne 和 Hal Herring. 草银行模拟项目. 自然保护杂志, 2004（1）: 21. Hal Herring 许可使用。

水在干旱的美国西部是货币的另一种表现形式。100多年来，牧场主、电站、城镇一直谨慎地守护他们的水权。在过去的20年中，保护工作在水资源的争夺中展示了重要影响力。越来越多的人注意到以市场为基础的水交易系统。保护活动推动的第一次水交易帮助解决了长期尖锐的关于加州蒙罗湖（Mono Lake）的水争端。1983年，根据公共信托原则，美国环保基金组织（Environmental Defense Fund）、美国奥杜邦鸟类学会（National Audubon Society）和其他环境组织控告加州政府，要求洛杉矶减少从该湖取水。因为降低的水位威胁了该湖脆弱的生态系统。虽然这是个法律案例，但是洛杉矶的缺水问题是真实存在并亟待解决的。人们最终提出了一个创造性的解决办法：如果说，洛杉矶和有类似情况的城市花200美元购买1 000立方米的水，而加州蒙罗湖的农场主只需支付8美元就能使用同等数量的水，这样，市场的机遇就变得很真实了。一个农场主通过从中央谷（Central Valley）向洛杉矶卖水得到丰厚的回报，这些回报能够用来投资省力省水的灌溉系统，灌溉系统可以抵消农场主地里失去的水。而市场系统则可以为洛杉矶提供所需的水，且不会破坏像蒙罗湖这样重要的生态系统。

问题是洛杉矶沉迷于从蒙罗湖得到更便宜的水，强烈反对购买水权所增加的支出。这使蒙罗湖的状况用了5年时间才得到解决。水贸易仅是最终解决方案的一部分。不过，水不是按照最初的提议来源于农场主，而是来自一系列联邦政府项目和州政府项目，通过投资废水回收提供洛杉矶所需的水量。[7]

另一个为了实现生态保护进行水贸易的成功例子是在内华达州西部。在这里，联邦政府的灌溉项目正在迅速发展的里诺市郊外Stillwater国家野生生物保护区（Stillwater National Wildlife Refuge）周围的湿地中掀起大破坏。灌溉在增加，大量水被截留，湿地开始变干。曾经有4万公顷的湿地，在20世纪90年代初期减少到2 800公顷。曾经纯净的地区现在被土壤滤出的微量矿物质元素、各种农业杀虫剂、除草剂和化肥严重污染。1987年，该湿地中700万条鱼死去，水禽的种群数量降低到历史水平的40%。TNC大盆地（Great Basin）办公室的主任戴维・利弗莫尔当时发现："这件事可不是你随便想在Stillwater买一块地来拯救这片湿地那样容易。那样做无异于把头埋在沙子中。”[8]

受水贸易工作的启发，TNC 大盆地办公室拿出一个方法，终于把环境悲剧变成利用水贸易做自然保护的最有趣的案例研究。1993 年，TNC 设立的目标是，通过购买农场主的配额减少 2 467 万立方米用水。TNC 在一年内通过 150 万美元私人捐款购买了其中一部分（1 727 万立方米）水。有了这个成功，内华达州现在有了更多筹措资金来和 TNC 以及美国渔业和野生动物管理局通力合作。当这个设想获得动力，合作伙伴制定了用于选择购买水权的标准，并开发了一个竞价系统，有效地为水权定价。当成熟的水市场存在时，牧场主和农场主就会计算出售水权得到的利益，并且改进水使用效率，降低用水成本。水权的公共价值现在明显体现在利用水制造能源。几百年来，水电公司建造水坝，把河流和湖泊变成私有的能源。许多情况下，公众并不清楚自己拥有水权，公众在历史上从没有因使用这些权利得到过补偿。通过全国对水坝重新发放许可的过程，在美国联邦能源监管委员会（FERC）的赞助下，这些权利正在收回并可得到用于保护方面的支出。在田纳西州，全球最大的铝生产商美铝公司（Alcoa），于 1913 年拥有的一座水坝新近达成一项交易。根据交易，那里的大雾山国家公园因 40 公顷土地被水库淹没，将得到 75 公顷“脆弱的生态保护区”作为补偿。此外，美铝公司还会给 TNC 2 400 公顷的土地管理权，另外，TNC 可以选择为公园完全买下这块地。类似的交易在全国的其他地方达成。水权中的公共利益最终通过承担保护工作从水电开发商那里得到了补偿。

这些鼓舞人心的水银行和草银行的例子正在美国西部发挥作用，TNC 的格雷格·洛和比尔·威克斯希望在美国的东海岸各州的数千个小林地上建立类似的概念。许多这样的土地曾经是农田，想再转换成林地，但要保留该地块的所有权。TNC 在很多地区都有因开发而持续地丧失这些小块林地的问题。如果昂贵的地产购买是唯一的保护选择，那么大量的土地丧失仍然会继续。威克斯和洛推断，如果大量小林地的所有者一旦陷入绝望的经济困境，就会被迫把土地卖给开发商。森林运作产生的现金流是不规律的，通常不够用来付税和按每年所需的投资管理林地。美国东部的温带森林有典型的 10～20 年的收获间歇期，此时，土地所有者进行收获并准备开发，因为在下次得到收入前等 20 年太漫长了。概念运作很简单，如果有足够的土地所有者把他们的地“存入”森林银行，根据存入的树木的量，这些土地的集体收获时间表可以保证每个土地所有者每年拿到分红。[9]

实施森林银行证明比最初的想法更具挑战性。土地所有者不愿为了分红放弃土地，部分原因是在这些 16～40 公顷大的林地上种树所得的收益少，还因为大部分土地所有者会考虑到林地的多种用途——打猎和娱乐。举个例子，少量的定期分红不足以让他们放弃这些利益。随着概念的发展，关于森林银行的新的理念产生了吸引力。在弗吉尼亚州的克林奇河谷（Clinch Valley），TNC 同斯图尔特土地和牛公司（Stuart Land and Cattle Company）签订了一个有关在该区域实施领导权的协议，该公司是一个有 6 900 公顷土地的家族企业。这个区域对 TNC 而言是个生物多样性保护的关键区域，TNC 在这里的保护项目是研究水生生物，包括全球稀有的淡水贻贝。然而糟糕的管理措施，如滥伐林木和在陡坡上修路，因水土流失产生了水质问题。在协议的初期条款中，TNC 得到 2 300 公顷重要林地的土地管理权。TNC 根据地块上的木材清单，将每年的“红利”支付给斯图尔特公司。随着时间推移，TNC 将以收获木材产生的收入偿还每年的支出。如果木材价值上涨，那么红利也上涨。

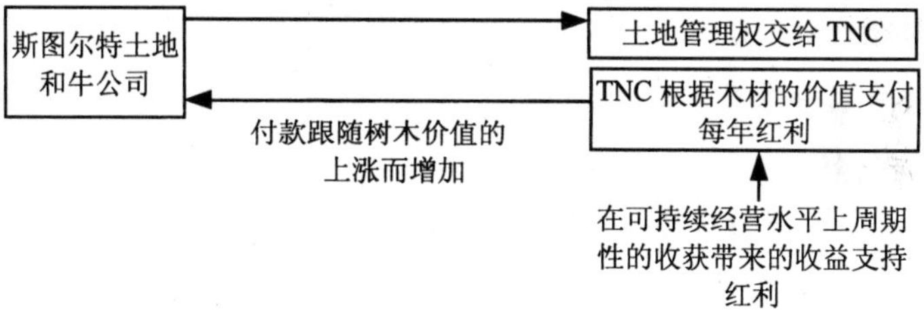

图 6.3　克林奇河木材银行

土地所有者从这种管理结构中得到了好处，他们现在既可以从土地上得到定期的收益，还继续拥有脚下的土地。TNC 从这种管理结构得到的好处是，它既得到了森林土地管理权，从而保证这块土地的可持续性的管理，又不需要为土地管理权支付一大笔费用。每年的支出部分由阶段性的木材收获来偿还。首次交易正在运行中，同时 TNC 的弗吉尼亚项目也正在寻找机会让邻近的土地所有者参加项目。有了第一次交易的积极经验，斯图尔特公司最近在项目中追加了 1 600 公顷土地，一个附近的土地所有者在项目中加入了 730 公顷土地，并承诺 TNC 一筹到了所需的资金就追加 3 400 公顷的林地。

大自然的资本——水、草、树——提供了特别的机遇。尽管没有任何土地所有者是一样的，没有牧场主、农场主和林场主的需求是一致的，概念也在变化，但是“大自然银行”为拯救脆弱的地球开辟了新方法。这个银行的资本是土地和与之相应的生长作物的能力。银行的客户是承诺生态的可持续性管理的土地所有者。以保护工作的形式支付利息。概念简单而且有效，它展现了一个激动人心的方法——通过结合商业方法达到保护的目的。

专栏 6.2　大自然银行的资源

草银行

Compatible 投资有限公司的斯蒂法妮·格里普维护着一个关于草银行业的良好资源。请浏览：www.compatibleventures.com

森林银行

克林奇河谷项目
东大街 146 号
Abingdon，弗吉尼亚 24210
电话：276-676-2209

水银行和水交易案例

美国环保基金组织
公园大道南 257 号
纽约市，纽约州 10010
电话：212-505-2100
传真：（212）505-2375
网址：www.environmentaldefense.org

第三篇　激　励

7 绿色商业

问题是我们的公司能否既赚钱又持续地发展壮大，而不去直接或间接地破坏我们周围的世界？

——保罗 · 霍金斯

在东南亚的岛屿苏门答腊和婆罗洲，印度尼西亚特有的猩猩种群的生存安危未定。在这些岛屿上，仍然可以在野外发现猩猩。虽然猩猩受到保护，但专家估计，由于乱砍滥伐、非法狩猎和全面的环境退化的威胁，野生猩猩很可能会在2020年灭绝。

猩猩保护的一个重点区域是在婆罗洲的东加里曼丹。为了寻找这些爱躲藏的猿猴，研究人员招募并培训村民，然后开始仔细地调查东加里曼丹偏僻的低地森林。在森林中艰苦地度过了近 4 个月。调查小组无意中发现了猩猩的一个不为人知的大种群。发现了它们大约 1 600 个休息和“营巢”地点，这表明至少有约 1 000 只猩猩居住在 14 万公顷的地区。这次发现可能占据了估算出的全世界猩猩种群的 10%。其中一个野外研究人员琳达 • 恩格斯龙说：“这群猩猩可能是全世界最大的种群中的一群。”

这些以及所有猩猩种群能否存活的关键是保留住这些重要的森林，保护这些森林避免其遭遇不可持续的砍伐或变成农田。在印度尼西亚，这是一个重要的挑战。TNC 雅加达森林保护项目主任奈杰尔 • 赛泽揭露说：“印度尼西亚的森林中，每一秒钟就有一立方米的木材被盗——今年一年就损失了 5 000 万立方米木材，这还不是全部。每一分钟，政府在这些木材上损失 1 300 美元税收。”为此，印度尼西亚每年的损失超过 6.7 亿美元。然而毕竟有 3 000 万印尼人依靠森林这种传统方式谋生。对大面积森林的破坏和整个生态系统的破坏不仅威胁到了猩猩，也威胁到了人的生存。

正如赛泽指出的："印尼森林的大面积毁坏不是一个因素造成的，更多的是由于政府缺乏管理能力，执法不严，错误的政策以及当地穷人没有替代收入来源等联合因素影响。印度尼西亚及类似国家有一个特殊的问题是买方无法弄清装载区的木头是否是合法砍伐的。许多买方也不在乎这件事。"[1]

印度尼西亚在过去的 10 年丧失了 1.4 亿公顷森林中的 2 300 万公顷，TNC 和他们的合作伙伴在一切尚来不及改变之前，为贯彻一些可能会成功的保护策略而奋斗。赛泽拯救森林的策略严格地以国家的市场和经济部门为基础。他说，"改变贫穷和软弱的政府，将是解决问题的基本要素，但是我们只有几年宝贵的时间。这就是为什么 TNC 和 WWF 组成的联盟首先是致力于消除进口国（如日本和中国）对非法木材的需求，并促进以可持续经营的森林为基础的商业活动和为保护融资。"

现在已经取得一些小的成功。由于同荷兰的历史渊源，荷兰的金融机构是印尼经济的主要投资人。一个重大突破是迫于欧洲绿色组织的压力，四大荷兰银行中的三家已同意停止对油棕项目的注资。这些项目位于过去 5 年中清空的土地上。许多猖獗的林火和森林皆伐伪装成为农业特别是油棕种植业而清除土地，油棕是全球植物油产业的新兴资源。TNC 希望荷兰银行终止注资之后可以减少当地人对森林的皆伐。显然，还需要其他对策。赛泽的项目小组发起了一个新的计划，通过给合法砍伐的木头做条形码来减少乱砍滥伐。有了合乎规范的标签，日本和中国的买方就能够确认他们所买的木头是合法砍伐的。

一个 40 万美元的示范项目以保护猩猩的主要栖息地为目标。TNC 邀请了两家印尼的伐木公司——Sumalindo Lestari Jaya 和 Daisy 参与试运行。在这个新的管理系统下，遵守对环境有益原则的伐木公司的木头贴上了条形码，使它们从开始采伐到运输和加工都可以被追踪。参与此项目的公司必须接受来自瑞士通用公证行（Societe Generale de Surveillance）这样的第三方机构检察官员的严格审查。依据七条共同责任/环境可持续性原则对这些公司进行评估。这些原则包括伐木操作对环境的影响，是否与印尼的木材砍伐法律一致，以及是否尊重了工人的权利。

为了项目的成功，主要进口国的木材买方必须同意只买带有准确标记的木材。美国印尼木材的大买家——嘉得宝公司（Home Depot）和劳氏公司已经签了协议加入该项目，这些鉴定过的木材的出口得到绿色认证。

到 2005 年，TNC 希望有大约 12 家公司能加入这个系统，同时希望有一连串买家来购买这些认证的木材。该项目面临的挑战是地方的腐败和现有印尼法律执法不严。赛泽说，“我们和一些公司可以在国家的某些层面产生影响，我们致力于首先保护重要的森林地区和生态较脆弱的地区。”赛泽接着说，“但是有些私有企业的管理部门很难合作，有些有权力的参与者想看到森林管理活动的改变和行使共同责任，一些公司是否会继续这个项目，还要根据他们从国际市场得到的信号而定。”[2]

要求购买绿色产品的市场压力对加拿大的森林也产生了深远的影响。加拿大的北方地区是地球上保留下来的最大的未遭破坏的森林之一。5.29 亿公顷的土地庇护了加拿大具有代表性的野生生物、大量淡水资源、一些世界上最丰富的自然资源以及超过 400 万居民，包括许多原住民。

在保护历史上具有里程碑意义的是，加拿大主要的工业界领袖联合生态保护学家建立了寒温带针叶林保护框架公约。第一批签约的公司中有杜姆塔（Domtar）公司，这是一个巨大的以魁北克为基地的纸业公司，它管理美国和加拿大 890 万公顷林地；还有在加拿大有 55 个工厂的坦贝克（Tembec）公司；桑科（Suncor）能源公司，它是该公约在加拿大北方最大的参与者。这个保护框架有两部分：它提出建立一个大型的内部相连的保护区网络，覆盖加拿大北方几乎一半的面积；它在剩余的地区利用先进的、可持续发展的经营活动（包括林业活动）实现框架的要求。大野鸭（Ducks Unlimited）保护项目主任加里·斯图尔特表示：“这是一个重要的范例，加拿大寒温带针叶林的保护工作已经起步。”

以上这些公司参与这个框架公约不纯粹是出于商业的考虑，这显然是双赢的事。在相邻的大不列颠哥伦比亚省，原住民、政府和环保组织一直在努力保护当地的森林，使开发森林的公司没法进入这块地方。这对于森林企业来说，可能是苦涩的 10 年。但这也使得企业家明白，公司只有得到社会的“许可证”，才有可能获得盈利的资格。杜姆塔公司总裁雷蒙德·罗耶曾经告诉我：“我们需要向客户表明，我们正在可持续地管理我们的森林。如果他们没有被我们已经作出的努力说服，我们将不能继续做生意。这个道理很简单。”

图 7.1　加拿大的北部区域

大不列颠哥伦比亚省的焦点主要集中在一个称作大熊雨林的地区，它位于温哥华岛的北端和阿拉斯加狭长地带之间。这个 850 万公顷的沿海温带雨林占了地球上温带雨林的 1/4。这里是 TNC 在北美最重要的项目地之一。TNC 给当地居民和很多合作伙伴以科学的支持，协助他们制定保护规划。大熊雨林是以本地第一个原住民——被称作柯莫德熊，特别可爱的爱躲藏的熊的名字命名的。柯莫德熊是美洲黑熊的一种奶油色变种，其数量不足 400 只，只在这里有发现。20 世纪 90 年代中期，环保组织发起了一场全球范围的宣传活动，目标是引起全球对原始森林遭遇皆伐的关注和批评，当时许多大型木材公司的产品都来自皆伐的森林。活动获得了很大成功，许多公司联合起来，改变他们的伐木策略。这些公司包括世界上最大的木材商家得宝和世界上最大的家具零售商宜家。这些联盟最终导致了 2001 年一个历史性的协议，协议由环保组织、伐木公司、工人和沿海社区共同签署。协议包括临时保护总共 60 万公顷的 20 个完整的雨林山谷，在总面积 89 万公顷的另外 68 个山谷中禁止或延迟伐木，给工人和受影响的社区发放补偿金。这些协议现在已经被一套更具体的大不列颠哥伦比亚省中央海岸土地使用建议书所取代，该地区 1/3 的林地都能得到保护，而免于砍伐，剩余的林地则参与到一个新的“以生态系统为基础的管理”系统中。尽管这样的措施仍比某些组织要求的保护面积少，但是，这毕竟是一个历史性的和解——由保护工作者、社区和企业界共同参与的保护计划。它不仅支持了以可持续利用为基础的社区的未来，也保护了柯莫德熊的重要栖息地。

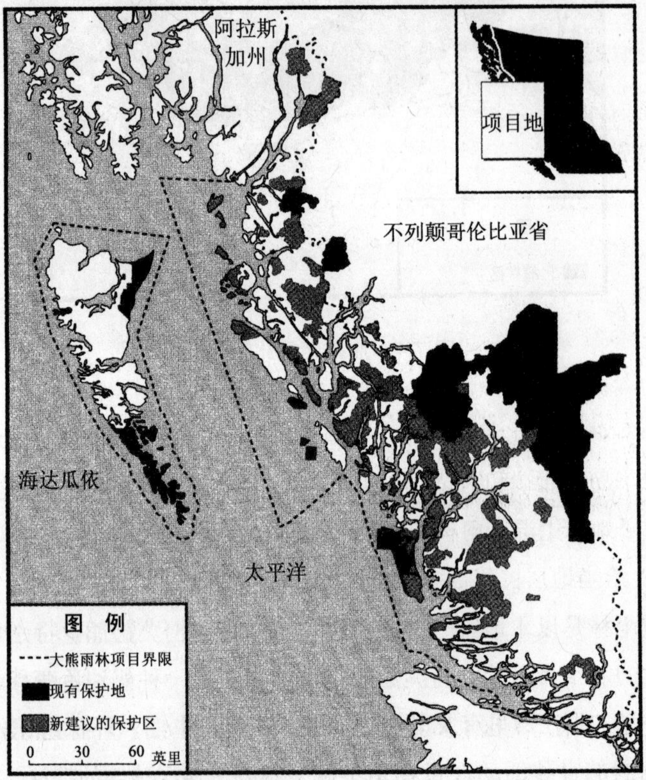

图 7.2　大熊雨林

为巩固这个协议还需要做很多事情，我们要将它的宗旨延伸到其他地区。为了实现这个雄心勃勃的目标，我们筹集到了 1.2 亿加元作为社区再投资基金。这笔基金一半来自政府，一半来自私人捐助者，用于在原住民社区中提供种子基金和新生意的贷款，以使经济多元化，当地人不再仅仅依靠采矿和伐木为生；建设这个协议的未来，完成和维护社区参与，支持更加绿色和可持续性的经济。正如斯科特・拉塞尔・桑德斯所说的："无论土地使用何种法律保护，如果没有人类一年又一年、一代又一代地承诺照料这片土地，没有任何土地可以免于破坏。因此所有保护必须以培养职业道德为宗旨。"[3]

通过引导顾客对绿色来源的木材的兴趣，利用消费者和市场的优势，以保护为目的的绿色消费理念正在被公众接受，特别是在北美和欧洲。这个做法的关键因素就是实施"可持续森林认证"的策略。这个做法其实很简单，给顾客能力去识别"来自可持续性森林木材的产品"和"来自管理不好的森林"或"非法砍伐的森林"的产品，然后顾客会用钱包"投票"。这种认证系统在全球大约有 50 个，它们由独立的非营利机构制定的标准建立管理模型，参与审计认证的人员由生态学家、森林从业者组成，得到他们的一致评定和认可后才可获得认证。获得认证的公司可以做广告并在他们的产品上贴上认证标签。目前，在全球已有很多国家建立了本国的认证体系，但是规模最大和成立最久的还是森林管理委员会（FSC），它提供世界范围的认证程序。

缅因州是美国森林覆盖率最高的州，森林覆盖了该州 90%以上的土地。缅因州建立了自己的绿色森林认证体系。该州也是受全球化影响最大的州，它的小型工厂和陈旧的基础设施无法和海外最先进的造纸厂和纸浆厂媲美。州长约翰・巴尔丹奇发起了缅因州绿色森林证书启动项目，这是一个令州立森林产业走向更绿的策略。现在，全州 263 万公顷的林地已经得到了认证，缅因州希望到 2006 年，得到认证的森林面积至少达到 400 万公顷。州政府已经开始让美国可持续森林倡议（Sustainable Forest Initiative，SFI）和森林管理委员会认证将近 20 万公顷公有的可持续经营的森林。

有些保护学家质疑认证是否公正和可靠，怀疑由森林企业赞助的 SFI。因为在这些认证项目中，SFI 没有对公司的行为进行独立的第三方检查。尽管大部分公司都已经走向独立评估，仍然有一些公司虽然鼓吹绿色理念，但拒绝让第三方监测他们砍伐的林地。吉姆・奎因是美国西北太平洋沿岸一个林产品公司的前任 CEO 及美国认证运动领导人之一。他认为这种抵制用错了地方，“一个公司从来都不会拒绝对其账本的独立审计，他们的股东绝对不能忍受这种事情。股东有权独立评估他们的森林是否长期被妥善管理。”认证系统的另一个问题是公司如何处理提供给其他所有者的木材。举个例子，美德维什韦克纸业公司（Mead Westvaco）和国际纸业公司（International Paper）一直是认证他们自己森林的领导者，但是他们使用的纸浆只有30%来源于自己的林地。[4]尽管有报道说严格的FSC认证只需要17%的木材来自认证的森林，就有资格使用FSC标签。但显然这些缺点仍然让很多人怀疑认证产生的真正效果。

关于认证对森林本身的长期影响的疑问持续不断，科学的辩论要很多年才会结束，但有迹象表明，管理措施正在向好的方面发展。我向托尼·莱昂斯询问了认证的价值，他是美德维什韦克纸业公司缅因州—新罕布什尔州业务的前任主管。他说：“在使用认证以前，遇到雨季地表泥泞时运送木材，我们会支付给伐木承包人额外的费用。我们的认证报告告诉我们，当土地很潮湿时，在森林里运作重型机器会压实土壤，对树的根系造成很大伤害，所以我们必须改变方式。我们修改了财务奖励办法，鼓励木材供应商在春天结束前把木材运到工厂。”虽然这只是个小例子，但对森林产生的影响却是重大的。

把缅因州变成更加绿色的森林产品工业中心，还能盈利么？时代纸业的总裁戴维·里福金回答了这个问题。[5]时代公司在美国和其他国家出版135种杂志并拥有8个图书公司。时代纸业为这些出版公司和时代华纳的其他部门提供所用的纸张。作为世界上杂志纸张最大的买家，时代公司的钱包是造纸界最大和最重要的经济来源之一。作为时代华纳承担的企业环境绩效的一部分，里福金宣布：时代公司会把时代纸业缅因州业务份额增加33%，即缅因州负责公司全部用纸的16%。这个投入的增长直接增加了1万吨纸产品，而且如果市场状况变好还可能增加。在承诺购买时，里福金强调：“我们购买木材的策略是奖励实施绿色认证的企业，鼓励落后者改进。我告诉好几个CEO，他们的公司现在是落后者。我们不和有劣迹而且不肯改正的人做生意。缅因州展现了它在绿色森林产品工业方面出色的领袖地位。”

时代公司不是一夜之间就完成了他的绿色领导者的转变的。从1991年起，时代公司是绿色和平（环保组织）发起的宣传活动的焦点，绿色和平敦促其改变公司购买纸张的政策。1992 年，美国环保协会（EDF）要求里福金寻找节约用纸的办法，以进一步减少对环境的有害影响。时代公司对纸张的消费导致每年砍伐超过 700 万棵树。3 年之后，在各方的共同努力下时代公司确立了明确原则：少用纸，所有纸张均从有责任心的企业购买，尽可能多地循环使用纸张。

时代公司为自己制定了雄心勃勃的目标。北美的纸张供应商已经有 1/3 的纸来源于认证的森林，这个数字在可持续性林业更发达的欧洲是 60%。到 2006 年底，时代公司希望自己造纸所用的木材 80%来自认证的森林。此外也有对于 TNC 印尼项目的好消息，里福金说："我们避免从大不列颠哥伦比亚省的沿海雨林买纸，环境与生态保护学家说这里已处于极度濒危状态；我们也不从巴西和印度尼西亚买纸，那些地方的森林被乱砍滥伐，热带雨林正在毁灭"。[6]

IBM 业务咨询服务部 2003 年发布的报告证实，伐木业的大部分客户都把他们的购买目标转向更环保的产品，特别是在会影响到他们公司形象的地区，以避免被指责。[7] 这种现象传递的信息是清楚的：绿色消费的倡导者正在帮助企业界建立更加绿色的公司，这些公司崭新的商业实践可以很快变成有效的保护。缅因州的林业管理者马丁·莱顿说："你知道，任何问题都需要独特具体的解决方式。我们必须改变我们的生活方式。我们不能期望继续增加几十亿人而地球还能养活我们。我们每个人都需要拥有属于自己的房子。因此我们要让这些树林得到很好的照料。"[8] 消费者有巨大的权利，很明显，如果善用这些权利，并得到类似认证方法的帮助，商业活动可以走向可持续的未来，满足社区和自然环境的需求。

专栏 7.1 森林认证资源

森林管理委员会

第 30 大街西北 1155 号，300 单元

华盛顿特区 20007

电话：202-342-0413

传真：202-342-6589

电子邮箱：info@fscus.org

网址：www.fscus.org

森林管理委员会（FSC）的建立是为了在全球实现可持续林业实践活动的对话。这个令人印象深刻的目标在许多方面都得到了实现，然而还需要做更多的工作。FSC 提出了原则、标准和规范，跨越了经济、社会和环境所关注的问题。FSC 的标准代表了世界上最强的系统，引导林业管理走向可持续性。正如林业本身一样，FSC 系统包括了对管理良好和可持续的森林有不同观点的利益共享者。FSC 森林管理标准已经应用于全世界 57 个国家。

可持续森林倡议

美国森林和纸张协会®

第 19 街 1111 号，西北，800 单元

华盛顿特区 20036

网址：www.aboutsfi.org

可持续森林倡议（SFI）是一个原则、目标和执行方法组成的综合系统，它由职业林场主、保护学家和科学家建立，该系统把树木持续的生长和收获与野生动物、植物、土壤和水质的长期保护相结合。目前北美有超过 5 500 万公顷的林地参加了 SFI 项目，使它成为世界上最大的可持续林业项目。

8 用于保护的免税

> 54%的美国人购买了价值 52 亿美元的一种液体——瓶装水。在一代人之前水被认为是免费的、干净的，喝水是人最基本的权利。
>
> 如果我们没用那 52 亿美元买瓶装水，而是用这些钱来保护水和它的运动——河流、含水层、湖泊、海洋和湿地，这些都是生命的基本要素，我们的未来会多么不同呢？
>
> ——彼得·福布斯《The Great Remembering》

布里奇沃特水务公司（Bridgewater Hydraulics）是康涅狄格州给布里奇沃特地区供水的一家小公司。它在 1999 年被英国的服务公司凯尔达（Kelda）收购。[1] 这里本没有保护方面的新闻，但是凯尔达在收购这家小公司后不久，透露说可能出售位于康涅狄格州西部属该公司水库周围的 6 200 公顷林地。仅在几年前，公司要出售 TNC 恶魔洞穴保护区（Devil's Den preserve）附近 315 公顷土地。这个举动吓坏了当地的居民，他们开始考虑，怎样永久地保护这块地。在最后时刻达成的协议扭转了这个局面，协议花费了州政府 1 270 万美元。布里奇沃特土地的出售应当受到监管审查，但是 TNC 的政府事务主任戴维·萨瑟兰解释说："我最大的担心是，城市居民需要更清洁的水而不愿为清洁的饮用水支付高额水价，郊区居民则更关注当地天然林地的保护，反对开发这些地方。如果搞得不好，两方面的利益都实现不了。"购买这块地的价格是 1.93 亿美元——即使是在康涅狄格州这个富裕的地区，看起来也很难达成交易。

凯尔达地块是西康涅狄格州最大的连绵不断的森林和河流的延伸。一个迅速成立的联盟开始寻找解决办法。该组织一位发言人感慨："一连好几代，康涅狄格的居民都把水务公司和电力公司拥有和利用这里的土地看作是理所当然的事。现在，长达百年的紧密关系受到了威胁。”凯尔达地块只是这些受到非正式公用事业协议保护土地中的一部分。在康涅狄格，公用事业占有 5.3 万公顷土地，突然出售这些天然林地的做法威胁到长期以来当地保护林地的传统。

凯尔达的情况仅是饮用水行业中大量争执的一部分。1999 年，密尔沃基市宣布：环孢霉素污染了它的水源，造成几十人死亡和几千个可疑病例。这个消息在自来水行业掀起轩然大波。多年来，自来水行业一直同美国环境保护局（EPA）就安全的饮用水标准进行争论，EPA 的标准要求水厂用昂贵的洁净水处理系统替代水库和水井组成的大杂烩，为国家的主要城市和地区供水。密尔沃基事件悲惨地证实了 EPA 的恐惧。

150 年前，纽约州的阿迪朗达克森林保护区的建立标志着政府购买林地保护供水水源的开始。这个传统一直维系到今天。在整个新英格兰地区和纽约州，水管区逐渐地变成林地的主要所有者。但是面对城市化进程和安全的饮用水需求的增加，看起来额外的水处理不可避免地变成解决问题的关键，它似乎表明，流域的森林保护工作是多余的。然而不是所有水管区都接受这样一个非此即彼的命题——或者保护流域，或者修建水处理厂。纽约市就选择了一个两者结合的策略：加强对纽约最重要的水源地卡茨基尔周围的保护，并修建小型水处理厂。但是对于许多较小的水管区和地方公司来说，只能联合更强的公司面对上涨的水处理费用。

凯尔达的收购引发了更大的辩论。在美国，连续收购更小的水务公司后，凯尔达现在拥有的水务公司为康涅狄格州、马萨诸塞州和新罕布什尔州的 53 个社区服务。出售 6 200 公顷林地可以为凯尔达支付它的收购费用和急需的现代化技术更新。最初，联盟请求凯尔达捐献土地管理权，当这个要求被置之不理以后，联盟提议建立一个地方水职权部门接管凯尔达的服务区域。公司最终认识到了形势的严峻，并平静地表示有兴趣同政府和保护组织共同研讨出一个解决办法。这个谈判是关于税收激励和可退税额度如何激发公司去选择土地加以保护而不是开发的很特别的例子，它为美国历史上最大的保护交易创造了条件。

将近 2 亿美元的费用使这个土地契约远远超过了州政府补助金项目的

支付能力。上一年，全州可用的补助金仅 1 200 万美元。因此，需要更好的解决办法。幸运的是康涅狄格州最近颁布了一条法律，公司可从土地保护项目中得到州税的免税额度，相当于其捐献的用于保护的土地价值的50%。有了这条政策，州政府和 TNC 康涅狄格项目制定了一个方案：州政府以 9 000 万美元的价格“低价”购买这些土地，凯尔达把剩余的土地赠送给州政府换取新的免税额度。这个交易的价值同凯尔达直接出售土地的税后所得很接近，但不会造成土地开发通常可能产生的有政治色彩的斗争。价值 1.03 亿美元捐赠品的 50%免税额度可产生高达 5 150 万美元的税收优惠，即使公司指出的它只有 1 200 万美元州税和 1 000 万美元联邦所得税。2 200 万美元免税额的前景足以让公司同意这个方案。为了筹集到 9 000 万美元，TNC 从私人捐助中筹集 1 000 万美元，与州政府的拨款相匹配。最终，税收激励计划和现金的打包策略超出补偿，凯尔达从一桩不确定的并可能引起争议的开发交易中获得了潜在利润，交易可能要用 10 年甚至更长的时间来实现。州政府于 2001 年下半年买下了这块地。

思考这个交易时，戴维·萨瑟兰强调免税是让公司和康涅狄格立法机构能够坐到同一张桌子前的关键。“州政府筹集 8 000 万美元是项艰难的工作，在当时的财政状况下，如此之高的数额几乎是不可能的。多几百万美元免税额的事实似乎没有影响到任何人，也并不需要立法机构拨款。”凯尔达的交易证明免税额可以影响交易，并鼓励公司在价格上达成协议。就像许多重要的保护交易，多因素的结合——免税额、从更传统的方式筹集的钱、支持达成协议的政治氛围，是获得所要结果的基本因子。

康涅狄格州是唯一对企业捐赠品有免税额的州，如凯尔达的捐赠品。有 16 个州采用免税和类似的激励政策来帮助私有土地所有者做公益的事。在所有享受税收优惠政策的案例中，最成功的例子在北卡罗来纳州。北卡罗来纳州的保护免税政策颁布于 1983 年，它给那些向州政府或非营利组织捐赠了保护用地或土地管理权的个人和企业带来了优惠。这些土地所有者可以要求相当于其捐赠地产价值 25%的免税。从 1983 年起，美国的捐赠水平稳步地提升，最初时，个人捐赠最多为 5 000 美元。目前捐赠的上限定为个人 25 万美元，公司 50 万美元。捐赠者必须明确所捐目标的公共利益，如公共海滩入口、水体或小路的通道、鱼类和野生动物栖息地及其他受保护的土地。每次捐赠必须有州政府的环境和自然资源局证明。到 1998 年 10 月，总价值 8 000 万美元的 1.3 万公顷土地因这个政策而得到保护。由于退税是很私密的事情，所以很难知道已经免税的实际金额。依据经济学家邦尼·莫伦布罗克发表在《大众政府》上的研究，1983—1995 年，估算的结果，保护捐赠已令州政府失去约 350 万美元税收，或者，从其他角度看，地价收入的 8.5%为自然保护作了贡献。显而易见，税收激励是有成本效益的保护工具。

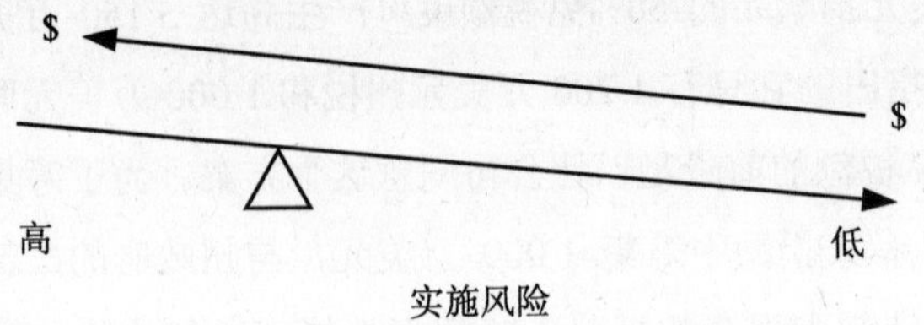

最大化开发选择

- 法规的高风险
- 公众疾呼
- 市场风险——土地销售
- 过许多年才意识到

保护销售和免税

- 社区强烈支持
- 免税到位
- 政府领导层支持
- 在短期内出售

图 8.1　凯尔达的决定演算

20 世纪 90 年代末，科罗拉多州建立了一个非常规方法的最慷慨的税收政策。捐赠了土地管理权的土地所有者可以把免税额卖给更容易使用这些免税额的个人或团体。这对于一个牧场主通常拥有很多地但个人收入却很低的州很重要。在凯尔达的案例中，免税额的多少只等于它最后使用了多少。出售免税额的能力使项目发展很快。巨石城保护资源中心的迈克·斯特拉格说，他的小组 2003 年谈判了 155 个交易，价值 1 400 万美元，同 2002 年的 330 万相比，数额急剧上升。全州销售的免税额总计超过 2 400 万美元。科罗拉多拓荒者（Colorado Open Lands）是该州时间最久的土地信托公司，它在 2003 年把自己的土地管理活动翻了 3 倍，管理着 5 300 公顷土地。这是一个免税额起作用的现实例子。[2]

新墨西哥州的一条新的法律允许捐赠了土地或土地管理权的个人减少

州所得税，可以达到捐赠品价值的 50%。这里举个例子，一对新墨西哥州夫妻税级为 30%，捐赠了价值 20 万美元的土地管理权。他们可以在未来的 20 年中使用 10 万美元的州税免税额（法律允许的最大值）；同时这对夫妻根据捐赠的数额得到全部联邦税的减免，大约 6 万美元；调整后的总收入也降低了他们的地产税，最终共省下了约 17 万美元——几乎和土地管理权的市场价值相同。TNC 新墨西哥州保护项目主任罗伯特・M・芬德林说："这就是一个很好的鼓励人们参与自然保护的动力。"

菲尔・塔巴斯作为一名税收激励专家，已经跟踪研究这些创新近 25 年，他指出，各州的州税激励政策有三条不同的途径：

- 将保护用地和土地管理权作为捐赠品的激励政策。这包括北卡罗来纳州和新墨西哥州的做法，他们为这些捐赠品提供免税额。现在美国至少有 7 个州采纳这种方法并针对各自的情况进行调整。
- 其他州通过他们的税法采用了栖息地管理的激励政策。1995 年的阿拉斯加法律为土地所有者提供了州所得税中可达到 5 000 美元的免税，用于湿地恢复。俄勒冈州允许集体森林土地所有者的州所得税免税率，可以达到在生产不足的林地造林费用的 30%。在爱达荷州，从 1998 年起，居民能够因管理费用（用于保护生态脆弱的动植物保护区和保护水质）的支出得到州所得税免税。
- 最后，有些州提供一些激励政策来减轻保护地所有者的负担。依据 1986 年马里兰州法律，土地所有者可以把土地管理权捐赠给马里兰环境信托公司，这是一家州政府下属的土地信托公司，它和许多当地的土地信托公司共同拥有土地管理权，并在土地管理权建立的前 15 年，对未加改良的保护用地（不含住宅用地）拥有 100%不动产税免税。从 1987 年起，将近 340 起交易的 16 600 公顷土地从这些条款得到了利益。其他许多州在现行的征税状况下，补充制定"农场和荒野"或"森林经营"的税法，从而在面对郊区发展的压力时，鼓励人们保护好这些土地。

在凯尔达交易中，政策的结合是保证交易成功所必需的，但是税收激励是关键的最终起决定作用的因素。交易使凯尔达证明了："交易让我们作为康涅狄格州的公民，在自然保护中起到了积极的作用，同时我们可以继续为客户提供充足的、干净的、安全的水。”[3] 这个案例既是公司的胜利，也是环境的胜利。

联邦免税为保护工作提供了更多的承诺。对企业和个人而言，与在州税上省钱相比，在联邦税上省钱是一个更有力的激励因素。大部分土地信托公司都非常熟悉慈善捐赠品规则和信息，这些规则和信息鼓励潜在的捐赠人把土地管理权和具有高保护价值的土地作为捐赠品。正当的程序是极为重要的。遵守估价和评估规则比以往任何时候都更为重要。土地管理权正在接受媒体和政府官员的仔细审查，他们担心操纵估价会令捐赠人的利益膨胀，为他们提供合法避税的价值超过保护组织得到的价值。2003 年，华盛顿邮报刊登了一连串针对 TNC 的尖锐的调查文章，指控知道内情的销售人员、托管人及其他密切相关的人，在评估土地管理权的捐赠品和销售中有利益冲突。最近，TNC 采纳了新的政策，禁止同托管人、董事会成员、员工，甚至与 TNC 有关的团体占有 5%以上所有权的公司或合作关系，进行交易。

几乎没有其他土地信托公司有这样严格的政策，但是土地信托协会（Land Trust Alliance）目前正在为其成员寻找类似的程序。这种警惕性表明，需要把谨慎的法律和财务工作作为联邦税、州税减少或免除时土地管理权或费用降低的一部分。然而必须注意到，土地信托协会已经同有良好意图的捐赠人完成了上千宗土地管理权的交易，这些交易都是诚实的。只有当保护价值很明显时才出售，并作为他们的慈善捐助，接受不会引起责备的税收优惠。

尽管为保护交易减少联邦税的政策将继续受到仔细审查，但是同联邦税激励合作的一条新途径正在 TNC 和沿海企业有限公司（Coastal Enterprises，Inc.，CEI）间的全新的合作关系中开创。在克林顿政府执政的最后几天里，为联邦制定了新市场免税（New Market Tax Credit，NMTC）政策。它是模仿一个很成功的案例，即鼓励开发低收入住房的免税政策，这一政策为美国低收入地区的权益投资者提供免税。早在 2001 年制定该项目的条款时，我就注意到，在美国，很多低收入地区和有保护价值的森林是重叠的。这并不令人惊奇，因为许多乡村经济在过去的 10 年中处于低潮，要支付很高薪水的美国的锯木厂和造纸产业，由于国外企业的竞争，其市场份额不断减少。同 CEI 的创意总监罗恩·菲利普斯合作，TNC 提出了一个概念，用这些免税政策吸引投资者建设林地，这些地的长期目标是可持续性林业，而不是清算和开发。概念很简单：提供和低成本资本相连的免税来交换土地管理权，从而保证长期的可持续性森林的经营与管理。

2003 年 4 月，美国财政部第一次把 25 亿美元的免税额给了金融中介机构，CEI-TNC 的项目分配到了 6 500 万美元，这笔资金用来奖励那些坚持在他们土地上进行可持续性管理的投资人。合格的投资者得到了 39%的免税，分成 7 年，就是前 3 年每年 5%，后 4 年每年 6%。第二次拨款中，财政部专门为这个项目从总免税额中多增加了 6 400 万美元。

这些免税措施在保护中发挥作用的一个例子是，CEI-TNC 的合作使用这些免税中一部分来抵消 TNC 对大北方纸业公司（Great Northern Paper）的低收益。如第 3 章中讨论的，TNC 为这家公司提供了 3 600 万美元的低息贷款，交换与百特（Baxter）国家公园相邻的具有高保护价值的 8 万公顷土地的土地管理权。为投资这个贷款，TNC 使用了周期性借贷的土地保护基金的短期资金，但需要尽快偿还这笔资金。

2003 年夏天 TNC 开始积极地寻找财务伙伴收购卡塔丁贷款，贷款附加的免税把投资回报提高到高于市场水平。刚开始，财务机构出于对新项目的不确定，对 NMTC 不太感兴趣。幸运的是，结构性融资巨头通用电气金融服务集团的投资经理艾伦·威曼，立即看到了这个机会，用退税额来启动 GE 的工作，发展它的林地外借业务。GE 和 CEI-TNC 的合作使 TNC 的贷款在有了来自 GE 的新的免税额的情况下，很快在 2004 年 2 月得到了偿还。

有了第一次投资之后，NMTC 项目已开始增多并运行良好，结合保护成果并享受免税政策的贷款活动逐渐展开。3 个传统的与林地相关的 NMTC 贷款合作已经结束，正在考虑其他贷款。同时 NMTC 也在考虑其他形式的投资。例如，低息贷款同免税一起实施，可以帮助亚利桑那州的一个木材公司筹钱，帮助该公司把森林中直径较小的树砍伐掉，这样做是避免灾难性的森林野火。生态学家相信，重新引入自然的强度小的林火，可以有效地保持亚利桑那森林的健康。他们认为，必须清除森林中多年积累的木本植物残体，这些残体是几十年错误的防火措施留下的遗物。

过去 10 年中，州税和联邦税的免除和激励政策证明它是实现保护的一个创造性和有效的方法。当免税对土地所有者有利时，他们有时更有动力为自己的土地思考一个与保护相关的结果。通常这些交易至少给了土地所有者与卖地一样的现金，但也因此使土地信托公司和州立机构的花费减少了许多。在我们寻找新的资金来源以满足重要土地的保护时，推广这些激励措施应当是我们工作的重要部分。

专栏 8.1 利用新市场免税做保护的方法

与土地保护购买相关

- 给公司低息资金交换土地管理权或所有权——必须同工作和可持续发展相关，与生物多样性无关；
- 给保护组织低息贷款（例如 TNC 得到有木材收入的森林，部分资金来自免税）。

同商业活动合作支持保护使命

- 使用小半径的树木的商业活动（例如亚利桑那州的项目）；
- 与土地购买有关的生态旅游活动的投资（例如 AMC 购买卡塔丁炼铁厂，在缅因州建立偏僻农村地区的娱乐系统）。

专栏 8.2 免税和激励

免税

因为州土地信托公司提供了税收优惠，保护机遇在增长。但许多土地拥有者并不知道这些机遇，许多州还没有想出办法把它们用在康涅狄格州凯尔达交易这样的规模上。

在许多州，制定或补充立法是关键的政策机遇。但是很多税收激励的焦点在联邦水平，增长州税中的个人所得税水平是考虑新的地方立法的原因。

最后，国会已经开始考虑但还没有颁布立法来改变税法出售和捐助保护用地或土地管理权的有利条件。为保护的目的销售土地带来的收入或所得的免税可以鼓励有地但收益低的高价值森林和草场的所有者解放他们的土地。

土地管理权和土地捐赠

土地信托联盟是土地管理权方面的很好的资源，它为土地信托公司维持着评估土地管理权和结构交易的操作规程。

土地信托联盟
H街西北1331号，400单元
华盛顿特区 20005-4734
电话：202-638-4725
网址：www.lta.org

新市场免税

这个联邦项目为全国低收入地区有效直接资产提供39%的免税。免税额度由财政部在比较过程中挑选的金融中介机构监护。这是个授权150亿美元的重要项目，即使只有很小比例的资金与保护和可持续性发展项目有关，产生的影响也会很重要。

关于联邦项目的信息，访问www.cdfifund.gov。这个网站还有交互式地图，允许你查看美国的任何地理位置，确定它是否符合免税条件。

关于沿海企业有限公司和TNC之间NMTC合作的信息，联系沿海企业有限公司的资深副总裁史蒂夫·威姆斯。

沿海企业有限公司
沃特街36号，
268信箱
Wiscasset，ME 04578
电子邮箱:Steveweems@ceimaine.org
电话：207-882-7552

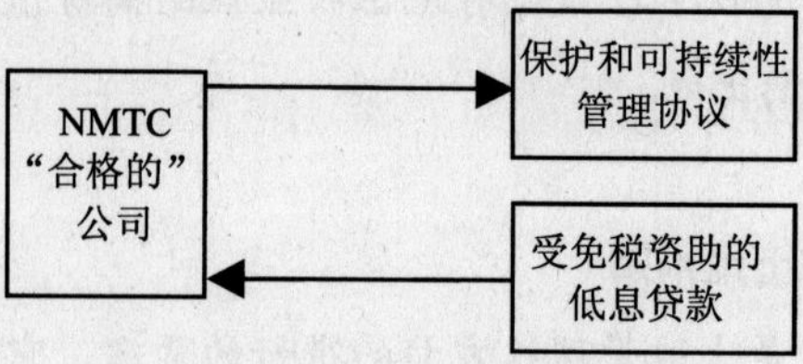

图 8.2　使用新市场免税做保护

表 8.1　2003 年 4 月州和联邦针对保护的收入所得税免税汇总

机构	名称和概述	土地管理权/土地类型	受赠者类型	免税总额	个人限制	延期
美国国税局	慈善捐赠	土地权益的任何捐赠品	政府机构或非营利机构	100%捐赠品价值作为减税	个人通常不超过每年应税收入的30%，公司为 10%	5 年
美国财政部	新市场免税项目	对合格普查地区的商业直接投资，参考 www.cdfifund.gov	通过美国指定的中介机构	全部的 39%，前 3 年 5%，后 4 年 6%	无	7 年
加利福尼亚州	自然遗产保护免税法	五个指定类型的土地，委员会决定其是否合格	公平市价（FMV）的 55%	包括减价销售	无	7 年
科罗拉多州	保护地管理权的免税	只有土地管理权	政府机构或指定的非营利机构	前 10 万美元 100% FMV，接下来的 40 万美元 40%	100 万+160 万=260 万美元，最多 2 万美元退款	20 年
康涅狄格州	关于各种减税、豁免和免税额度的法令	任何土地或土地权益 只有集体捐赠	政府机构或非营利机构	50%	无	10 年
特拉华州	土地和历史资源免税	以开放空间、自然资源、或生物多样性保护或历史保护为目的转让的任何土地或土地权益	政府机构或非营利机构	40%FMV	5 万美元	5 年
马里兰州	保护捐赠的免税土地管理权	任何为公众权益服务的土地——树林、湿地、农田、历史地区、风景优美的河流，未受干扰的自然地区	指定的非营利机构	100%土地管理权鉴定价值	5 000～8 000 美元/年	15 年

机构	名称和概述	土地管理权/土地类型	受赠者类型	免税总额	个人限制	延期
密西西比州	为优先保护地点和河滨走廊地区捐地的收入所得税免税	土地用于保护河岸栖息地和稳定性，保护有模范自然社区或特别关注物种或受威胁/濒危物种的生物多样性高的地区	政府机构或有资质的非营利机构	50%正当的交易费（如评估、本底调查、法律文件和资质费用）	1 万美元	10 年
新墨西哥州	新墨西哥土地保护激励法令	以开放空间、自然资源或生物多样性保护、户外娱乐、农田和林地、历史遗迹和土地保护为目的转让的任何土地或土地权益	政府机构或有资质的非营利机构	50%FMV	10 万美元	20 年
北卡罗来纳州	不动产捐赠的免税额度	对公共海滩入口，水体或小路的通道，鱼和野生动物保护或其他相似的土地保护目的有意义的任何地产	政府机构或非营利机构	25%FMV	开始为 5 000 美元，1989 年修订为个人 25 万美元，公司 50 万美元	5 年
南卡罗来纳州	南卡罗来纳保护激励法令	因捐地做保护，要求并有资格得到联邦减税的土地，参照 Sec.170（h）规定	有资质的保护组织	25%FMV	625 美元/公顷，最多 52 500 美元/年	允许延期直到免税的所有价值被索取
弗吉尼亚州	1999 年弗吉尼亚土地保护激励法令	以农业或林业用途、开放空间、保护或历史保护为目的转让的任何土地或土地权益	政府机构或有资质的非营利机构	50%FMV	2000 年 5 万美元，2001 年 7.5 万美元，2002 年及以后 10 万美元	5 年

注：此表由 Phil Tabas 制作，大自然保护协会许可使用。

9 利于施业景观的鼓励策略

除了极少数的例外，很多地产所有者没有因为他们土地上的自然资源服务于社会而得到补偿；沿海湿地的所有者没有因为这些湿地提供了丰富的海产品而获得收益；热带雨林的所有者也从未因为雨林生态系统对制药业和稳定气候的贡献而得到补偿。这样做的结果是，许多生态系统资产的关键类型正在迅速退化和消耗殆尽。然而问题的复杂化还在于，人类往往在生态系统服务功能消失后，才意识到它的重要性。

——格里切·戴利和凯瑟琳·埃利森《新自然经济》

笛鸻和白额燕鸥有个不好的习惯，往往挑选美国地产最贵的地方做它们的筑巢地。沙丘和海洋交界的地方在营巢季节受到很多其他物种的垂涎，其中包括夏季的游客。此外，鸟类中一些物种，特别是当它处在营巢范围北部边界时，有个坏习惯，每过几年就会从一个海滩换到另一个海滩，这让野生动物管理人员很是惊讶。鸟类的这种行为也使得购买营巢栖息地的计划困难重重。即使是在缅因州这样的农业州，一公顷最好的海滨地区的价格也可以达到 120 多万美元，如果买不对须保护的栖息地，政府和非营利机构的管理者恐怕就失职了。

由于许多物种的栖息地变化无常，我们也愈发认识到，如果能适当地给予照顾，许多濒危物种即使在私有的土地上也会活得很好。事实上，许多物种需要积极的保护才能生存。在许多案例中，一个愿意合作的土地所有者就能够发挥保护作用，而无需政府的强硬规章或是被保护组织买断保护权。一个相关的例子是黑顶绿鹃，这是一种受威胁的候鸟，生活在德克萨斯州中部典型丘陵的开放灌木中。如果没有林火的燎烧或是对森林上层林木进行清除，绿鹃的栖息地会很快丧失。然而严厉的管制措施难以调动林地所有者的积极性为这些鸟的生存而管理栖息地。事实上，由于这些控制措施致使上层林木无限制地增长扩散，反而对鸟类栖息地产生了不良影响。很显然，严厉的惩罚导致了土地所有者无论如何都要回避任何管理。他们简单地忽视这个地区，选择了“顺从”的态度，这最终将导致对绿鹃的一场灾难。一个保护组织发现：“不幸的是，对地产所有者来说最保险的做法就是让土地变得根本不适合受保护物种生存，它们自然会畏而远之。”[1] 如果要为这些物种留下生存空间，需要对土地所有者给予鼓励，而不是制订强硬的规定。

不当的措施造成的影响阻止了土地所有者对生态敏感地区进行所需的管理，环保基金组织对此特别关注。他们的一项划时代的研究得出结论：“大部分名录上列出的物种将继续减少，除非土地所有者为了它们的利益积极管理栖息地。事实上，研究人员发现大约 305 个物种的恢复计划中——估计占 63%——依赖于‘某种管理形式’。”[2]

联邦政府历史上颁布的监管禁令产生了适得其反的效果，但其纠正这些错误的努力由于争议重重，现在是举步维艰。一些环境倡议者引用清洁空气、水和濒危动物法的监管意图，责令土地所有者采取行动，而不是简单地从经济上“鼓励他们去做事”。TNC 的律师和前任首席运营官比尔·威克斯在《超越方舟》（Beyond the Ark）中深刻地谈到：“如果我们下大力气的话，保护地——作为生态系统的保护网——也许可以占到景观的 15%。然而，这个保护网的命运将由剩下的那 85%景观上发生的事情决定。”[3] 威克斯指明，为施业土地的所有者建立崭新的合作关系和激励机制不是可有可无的，而是必需的。

内政部渔业及野生动物管理局的土地所有者激励项目（LIP）是实现改变的工具之一。这个项目为意欲在自己土地上保护濒危物种的私有土地所有者提供经济激励。在宣布 2004 年 LIP 基金为 2 600 万美元时，盖尔·诺顿声明：“LIP 是建立在同私有土地所有者合作，改进他们土地上的受威胁和濒危物种的栖息地的概念上的。”有了 LIP 的帮助，美国渔业及野生动物管理局计划为土地所有者提供经济上和技术上的援助来保护和管理笛鸻和白额燕鸥等濒危物种。

缅因州的 LIP 基金项目是小额投资在保护中如何盈利的好例子。由于连续多年受水貂捕食，斯特顿岛（Stratton）的北极燕鸥、普通燕鸥和粉红燕鸥的数量由 2001 年的 2 000 多对降到今天的不足 350 对。[4] 根据岛屿的所有者缅因州奥杜邦鸟类学会所说，控制这些捕食者的数量对鸟类的生存至关重要。没有积极的管理，保护所有权也不能保证系统的存续。“对大自然听之任之”将会造成严重的损失。有了 LIP 基金，奥杜邦现在可以严格地控制捕食者的种群来保证燕鸥的生存。

管理上的小额投入可成为好的预防策略。在科罗拉多，为了保护联邦名录上列出的濒危物种普氏草地林跳鼠和潜在的濒危物种冈尼森艾草榛鸡，野生动物局使用 LIP 基金来恢复弗兰特岭栖息地。项目负责人吉姆•格思里引用了一个长期以来一直争论的话题，即一个州应当把工作重点放在已经濒危还是放在潜在濒危的物种上。“我们州的政策是两者都要保护。”[5]

在鼓励土地所有者保护受威胁物种的努力中，濒危动物法给土地所有者增加了安全港或者叫“不足为奇”协议。国会从 1982 年开始修订法律，允许私人土地所有者申请许可，该许可允许单个濒危植物或动物偶然消失，以换取更大范围内的栖息地保护计划。它的效果是双重的：减少了管理措施对物种潜在的影响，同时鼓励可以保持和扩大种群的管理措施。实施了 200 多个这样的计划，尽管对土地所有者来说代价不菲，但这些计划让土地所有者消除了顾虑。在偶尔有物种个体损失的情况下，无论这个个体来自一个濒危种群，还是来自一个因土地所有者良好的管理行为正在扩大的种群，土地所有者都不会面临严厉的监管程序和罚款。正如 EDF 指出：“这些公司的动机是在许可有效期内，有稳定的木材供应提供给他们的工厂。由于公司通常对这些工厂投入大量资金，因此这种确定性非常有价值。”[6]

没有任何地方的激励措施比联邦政府农业法案的农业基金项目影响更广泛。在 1996 年农业法案中建立的环境质量激励项目（EQIP）为农民的保护实践活动提供经济的、教育的和技术的援助。这些项目的经费从最初的 2.75 亿美元增长到 2007 财政年度的 13 亿。EQIP 可以资助大量的保护实践和课题：资助能更好保存动物肥料的储藏系统，建围栏把动物拦在河流外面及开发替代的灌溉资源，这些都包括在保护水和空气质量的倡议中。其他经常得到资助的实践包括：保护性耕作，有害生物防治，植草排水沟，湿地栖息地恢复，灌木管理，有计划的燃烧，林站改进，以及河流栖息地改进。EDF 记录了全国许多 EQIP 项目中受益于基金的成功故事。

专栏 9.1 环境质量激励项目

拯救苍铲鲟

渔业及野生动物管理局和美国陆军工程兵团计划周期性地从佩克堡水库放出大量的水帮助拯救鲟鱼。水位——他们模拟历史上自然发生的密苏里河涨水——将连续 3 年在春天上涨，并且每年水位都会变得更高。“春季水位上升”的目的是激发苍铲鲟的产卵机能。

春季水位上升，下游的 100 多个农场会被淹没，这威胁到了那些农场主的生计。蒙大拿州自然资源保护局（NRCS）推出了一项特殊的 EQIP 倡议来帮助农场主翻新和修整他们的灌溉系统，以减少或消除潜在的负面水质影响（主要来自燃料罐），并沿密苏里河建立野生动物栖息地。州 NRCS 将其 2003 年 EQIP 基金中的 32.8 万美元拨给了 11 个农场主，并为 2004 年和 2005 年留出 30 万美元帮助受灾的农民。通过使用排名方式，蒙大拿州 NRCS 制定了一个优先名单，用来保证有最紧迫需求的农场主能够在项目实施的三年中每次洪峰水位到达时最先得到帮助。

改善马熊和鳟鱼栖息地

蒙大拿州康拉德的 NRCS 与土地所有者罗伯特和阿里·纽柯克，以及州和联邦的野生动物机构合作，沿度普耶（Dupuyer）河 1 200 米长的河段（3/4 英里）恢复受威胁的马熊（*Ursus arctos*）和野生鳟鱼的栖息地。这个区域 1964 年受洪水破坏严重，并且为了发展农业清除了水边的植被；后来的过度放牧进一步造成严重的河岸侵蚀。EQIP 同美国渔业和野生动物司的渔业和野生生物计划合作伙伴及蒙大拿州的渔业、野生动物和公园未来渔业项目，资助河道虹鳟鱼栖息地和河岸覆盖植被的恢复并在水边区域设围栏。实施的一些具体保护措施包括：河岸重塑、防护林、根垫栽植和柳树移栽。这个项目为马熊建立了一个安全的通行走廊，以降低潜在的与人冲突的可能。淤积和河岸侵蚀的降低为野生虹鳟鱼（*Oncorhynchus mykiss*）和其他物种的生存改善了水质。

来自蒙大拿州 NRCS 保护学家戴维·怀特对环保基金组织科学家和农业政策分析师苏丝·弗里德曼的报告。见 www. environmentaldefense.org/article/cfm?contentid=3514。

表 9.1 强制性农业激励项目的费用（以百万美元为单位按财政年计）

项目	2002 年（真实）	2003 年（真实）	2004 年（估算）	2005 年（估算）	2006 年（估算）	2007 年（估算）
环境质量激励项目	224	504	774	1 016	1 150	1 248
野生生物栖息地激励项目	7	22	34	53	73	82
农田保护项目	8	54	112	115	116	103
保护安全项目			41	282	649	846
其他强制性项目	2 047	2 167	2 217	2 318	2 432	2 386
强制性保护费用总计	2 286	2 747	3 178	3 784	4 420	4 665

注：其他强制性项目包括保护区项目、湿地保护项目、草地保护项目、小型分水岭恢复项目、地下水和地表水保护项目和农业管理援助项目。
来源：杰弗里·津恩，资金流，第 4～10 页。

对传统的土地保护，通过水土保持基金得到的资金越来越少，与之形成鲜明对比的是，自然资源保护局和农业部管理的新项目在迅速增多。联邦政府已经转变方式，从单纯地依靠传统农业补助，走向以改变土地所有者行为和改善自然资源条件为目标的以激励为基础的资金。许多这种项目的资金是强制性的，因此每年不受资金划拨的影响。这主要通过商业信贷公司来实现，它是农业部的一个金融机构，经授权可以从美国财政部最多借贷 300 亿美元，净亏损通过拨款程序恢复。

专栏 9.2 环保基金组织保护激励中心

保护激励中心是环保基金组织 2003 年 3 月提出的一项倡议，主要得到多丽丝·杜克慈善机构的支持。中心的总体目标是通过改善和扩大已有的激励项目及建立新的激励项目来保护私人土地上的生物多样性。

中心（1）策划和实施模范项目，展示以激励为基础的策略如何有利于生物多样性和促进私人土地的管理工作；（2）改进联邦和州的保护激励政策，令其在保护生态系统和奖励这样做的土地所有者时更有效；（3）进行研究和分析，帮助引导保护激励政策和激励基金的分配；（4）培养广泛的公众意识和对私有土地保护和激励项目的支持。

美国环保基金组织
公园大道南257号
纽约市，纽约州 10010
电话：212-505-2100
传真：（212）505-2375
网址：www.environmentaldefense.org

激励项目对保护学家而言是一个制定新策略以实现预期结果和从特殊渠道获取资金的机遇。通过了解牧场主、农场主和林场主的动机，保护学家可以通过经济和安全港式的激励措施鼓励他们采取最佳做法和积极主动的策略。不使用“大棒”管理方法也可以得到满意的结果。当保护策略走向景观尺度时，土地所有者的参与就不再是例外而是常规。这些项目的核心思想是认识到在“另外 85%”的土地上发生的事情不可能对社区和支持他们的自然资源系统不重要。从一个方面看这些项目正在偏离传统的土地保护，但是从长远看，通过激励措施推动农牧业和林业对资源的可持续性使用，以变革性的方式将我们引向新经济。新经济把大自然的需求放在中心，而不是像我们现在的系统那样把自然的需求放在边缘。

专栏 9.3　联邦政府项目

保护区项目（CRP）

保护区项目是美国农业部农业司的一个项目，它为农场主提供了经济资助，包括租金和成本分摊，农场主作为回报种植作物，如树和草，它们可以改良土壤和水的质量及野生动物栖息地。这些作物帮助保护了美国几百万公顷的表层土免受侵蚀，增加了野生生物栖息地，并通过减少地表径流和淤积保护了地下水和地表水。科罗拉多州草原榛鸡种群的增长与通过 CRP 土地管理权提供的栖息地有直接联系。

申请条件

为了有资格参加项目，农田必须在最近的 6 年中有 4 年都种植了农作物，并能用正常的方法种植一种农作物。通常参与项目的时间为 10～15 年。

经费

这个项目的经费来自联邦政府的农业法案。资金的划拨依据保护一定数量的土地。商业信贷公司使用各种不同的地方指标决定土地的货币价值。

如何申请

CRP 项目的参与只发生在一般注册期间——除非土地符合某些 FSA 的连续参与的条件，它包括专用于某个保护实践的土地。为了获取更多的信息，联系你所在地的 FSA 办公室和查询保护区项目网站 www.fsa.usda.gov/dafp/cepd/crp.htm。

保护区改进项目（CREP）

保护区改进项目是保护区项目（CRP）的一个分支。它有针对性地保护优先项目，包括受影响的水源，受威胁和濒危的野生动物重要栖息地的丧失，土壤侵蚀，以及鱼类种群如鲑鱼的栖息地减少。与 CRP 相同，农民可以以租金和成本分摊的形式得到每月一次的经济资助，但是这些和其他经济激励要求某些目标农业用地退耕。这些土地由当地、州、部落等各个层面的组织和民间组织指定其用途，这些组织负责确定农业保护优先地区。

申请条件

这是一个规模较小的项目，它针对特定的州和其他优先地区。联系你所在地的 FSA 办公室或你所在县的农业局服务中心寻求更多信息，或查明你的土地是否合格。

经费

FSA 使用来自保护区项目的经费，以及其他来自当地、州和私有资源的经费为保护区改进项目提供经费。

如何申请

由于这个项目由本地、州、民间和部落组织管理，土地是按地理划分的，因此没有申请程序。项目的参与依赖于你所在区域是否在地理上符合及你是否符合某些指标要求。联系你所在地的 FSA 办公室或你所在县的农业局服务中心，或访问 CREP 网站 www.fsa.usda.gov/dafp/cefp/cefp.htm。

保护安全项目（CSP）

保护安全项目援助部落土地和可经营性土地（包括农田、草地、草原、改良牧场、山地和林地）的所有者和经营者维护和增加他们土地上的保护措施。项目根据申请程序中决定的保护优先，提供三个不同级别的指定经济援助。

申请条件

土地必须是私人拥有的或部落的土地，并且全部位于一个分水岭内。针对每一级的经费，有更严格的有效性要求。在网上进行自我评估或从你所在地的美国资源保护司的办公室领取自我评估手册。

经费

项目在 10 年中得到 37.7 亿美元，其中 3.69 亿美元分配给农业法案包括的那几年。

如何申请

完成农业土地的自我测试来了解你是否合格。可以在 www.nucs.usda.gov/programs/csp 上，也可以在全国的任何美国资源保护司的地方办公室找到这些信息。申请提交以后，会被评估来决定它是否符合项目提供的经费的任何一个级别。为了获取更详细的信息，联系你所在地的美国农业部服务中心，服务中心列在电话簿的美国农业部下，或查询网站 www.nrcs.usda.gov/programs/farmbill/2002。

环境质量激励项目（EQIP）

环境质量激励项目最早是在1996年的农业法案中建立的，并在2002年的农业法案中再次授权，它帮助农场主和牧场主改善基础设施和土地管理措施。这些基金根据各州的具体情况解决相应的问题。项目提供激励来采纳管理实践，以适应营养、肥力、灌溉、野生生物栖息地以及综合管理实践。成本分摊覆盖了75%，合同期限是1～10年。

申请条件

如果你在有效的土地上从事农作物种植和畜牧业，并有兴趣参加你所在州的一项保护倡议，那么你就是合格的。

经费

项目通过2002年农业法案得到资助。

如何申请

申请表可以在网上 www.nrcs.usda.gov/programs/eqip 找到，或者你可以联系本地的农业部国家资源司服务办公室。

保护创新补助金（CIG）

EQIP 的子项目。保护创新补助金通过在农业生产中使用创新的方法促进环境的提高和保护。

申请条件

非联邦政府和民间组织，部落，还有个人可以接受CIG补助金。

经费

经费来自 EQIP 基金，并且专门指定用于该项目。基金可以覆盖项目费用的 50%，获得者必须自己从非联邦政府的来源获得剩余的50%匹配资金。

如何申请

当每年补助金到位后，联邦政府的补助金网站 www.grant.gov 上会发布一个通知。通知也会发布在 www.nrcs.usda.gov/programs/cig。

农场和牧场土地保护项目

农场保护项目（FPP）

FPP 提供基金购买农场的土地管理权以避免开发和保护农场继续从事农业生产。USDA 提供的资金可达到土地公平市价的 50%。

申请条件

土地必须符合下列条件：是州、部落或地方农场保护项目的待定提议的一部分；私人拥有的；有一个保护计划；规模大到足够支持农业生产；土地上生产的东西能够到达市场；有足够的基础设施和农业服务；并且周围有土地可以支持长期的农业生产。关于资格的详情放在 www.info.usda.gov/nrcs/fpcp/fpp.htm。

经费

经费在 1996 年的农业法案授权下来自商业信贷公司。

如何申请

经费的申请来自你所在区域的国家资源司州办公室。详情查看 NRCS 网站 www.info.usda.gov/nrcs/fpcp/fpp.htm。

草地保护项目（GRP）

草地保护项目帮助土地所有者保护和恢复他们的草地、放牧地、牧草地和灌丛地，同时为了放牧的目的维护这些土地。符合项目的最小土地面积是 16 公顷，并存在多个土地管理权和付款选择。

申请条件

私人拥有的土地、部落土地、含非禾本草本植物的土地、对栖息地恢复有生态价值的土地，以及历史上存在非禾本草本植物的土地或历史上是草地的土地都符合 GRP。

经费

经费来自商业信贷公司，与 NRCS 和 FSA 相关。

如何申请

申请可以在 NRCS 的网站 www.nrcs.usda.gov/pgrograms/farmbilll/2002/和 www. fsa.usda.gov/dafp/GRP/default1.htm 上找到，或者联系你所在地的 USDA 服务中心，服务中心列在电话簿的美国农业部下。

湿地保护项目（WRP）

湿地保护项目帮助愿意恢复和保护湿地的私人土地所有者，如农场主和牧场主。WRP 为农场主和牧场主恢复以前排过水的湿地提供可达到 100%的偿还金，也为不再耕作的边缘农业用地提供奖励。同时，还有好几种形式的土地管理权可供选择，土地所有者控制土地的使用，但他们自愿放弃对这些土地的开发。

申请条件

- 在自然条件下耕作的湿地;
- 耕作过的湿地;
- 先前转化的农田;
- 因水灾变成湿地的农田;
- 放牧地、牧场和生产林地，这些地方的水文严重退化但能够被恢复;
- 连接了受保护湿地的水滨区域;
- 靠近保护湿地，并对湿地的功能和价值有显著贡献的土地;
- 以前恢复的但是需要长期保护的湿地。

经费

WPR 的经费来自商业信贷公司，与 NRCS 和 FSA 相关。

如何申请

通过一个连续签约程序接受申请。申请表可以在任何时间从你所在地的 USDA 服务中心或保护地方办公室获取和提交。申请表也可以从 USDA 网站 www.sc.egov.usda.gov 上获得。在机构选项键入“自然资源保护局”，在项目名称选项键入“湿地保护项目”，在表格号选项键入“AD-1153”。详情浏览 NRCS 网站 www.nrcs.usda.gov/programs/wrp/。

野生生物栖息地激励项目（WHIP）

野生生物栖息地激励项目为私人土地所有者和部落土地所有者提供技术和经济援助，使他们把土地开发成野生动物栖息地。如果申请通过，NRCS 和土地所有者一起制订一个土地保护计划。这些土地所有者自动地限制他们土地的使用，但保留所有权。

申请条件

- 私人拥有的土地；
- 主要的利益属于私人的联邦土地，或部落土地；
- 有限基础上的州和地方政府的土地；
- 部落的土地。

如果土地被认为是符合条件的，NRCS 重点招收：

- 野生生物物种正在经历下降或数量严重减少的种群的栖息地；
- 在其他地方得不到资助的对鱼类和野生生物有益的实践；
- 每个州由地方和州政府的合作伙伴以及印第安人部落确认的野生生物和渔业栖息地。

经费

WHIP 的经费来自商业信贷公司，与 NRCS 相关。

如何申请

通过一个连续签约程序接受申请。申请表可以在任何时间从你所在地的 USDA 服务中心或保护地方办公室获取和提交。申请表也可以从 USDA 网站 www.sc.egov.usda.gov 上获得。点击登录来建立一个 USDA 账号，接着可以进入 WHIP 申请（CCC-1200）或其他 USDA 项目。申请还可以通过 NRCS 同意的或指定的合作的保护伙伴接收。详情浏览 NRCS 网站 www.nrcs.usda.gov/programs/whip/。

土地所有者激励项目（LIP）

土地所有者激励项目帮助建立或补充现有的土地所有者激励项目，给私人土地所有者和部落土地的持有者提供包括栖息地保护和恢复在内的技术和经济援助。

申请条件

申请仅限于州、联邦承认的印第安人部落政府，波多黎各，美属维尔京群岛，关岛，北马里亚纳群岛和美属萨摩亚的对渔业和野生动物资源有主要管理责任的机构。尽管当地的土地所有者没有资格直接得到基金，他们可以从执行补助金的州政府的机构得利。

经费

美国渔业和野生生物司管理土地所有者激励项目。2004 年，经费有 2 700 万美元，主要通过州渔业和野生生物机构提供。与农业法案项目不同，有资格申请经费的土地不一定必须是施业农田。

如何申请

申请联邦经费的指南可以在网站 www.nctc.fws.gov/fedaid/fatrain 上找到。详情可以查询联邦国内援助目录 www.cdfa.gov。点击“援助项目检索”，接下来“项目编号检索”，并输入编号“15.633”。

环保基金组织保护激励项目为这些项目提供了很好的技术支持。详情访问它们的网站 www. environmentaldefense.org/ farmbill/home.cfm 或 www. privatelandstewardship.org。

第四篇　前方的路

10 如果筑好了巢，鸟儿会来么？

如果我们对保护的态度是严肃认真的……我们将不得不找出适当的、务实的、中肯的答案，回答最基本的人类问题：我们应当怎样生活？我们应当怎样当家？我们应当怎样为自己提供食物、衣服、住所、热、光、知识、娱乐、休憩？简言之，我们应该怎样使用这个世界？

——温德尔·贝里《Another Turn of the Crank》

这本书大部分都在谈论成功，但是事实上，并不是我们所有的努力都达到了我们期望的结果。回溯到 1997 年，TNC 兼容经济发展中心主任比尔·威克斯设计了一个全面的新愿景，描绘了保护学家如何将商业引擎运用到环境保护中。在他的著作《超越方舟》中概述的新范例的基石是弗吉尼亚东海岸可持续性发展公司（VESC），这是一家以营利为目的的公司，TNC 一直对其有浓厚的兴趣。公司的目标：“发展和支持那些能促进地方经济发展、实现社区发展目标、保护自然资源的产品、商业企业和土地使用。”VESC 建议推出许多企业，旨在加强地方经济和土地保护之间的联系。企业包括地产开发和旅游、蛤和牡蛎养殖、手工艺品、海曼土豆片。投资人包括福特基金会，其在最初 225 万美元资本中投入了 100 万美元。

VESC 的计划集中在三个主要的商业开发方向上：[1]

- 东海岸产品：开发、授权、出售一系列能够代表地方实力并有比较优势的产品。
- 东海岸企业基金：为全新的和现有的经济状况良好并与环境相容的地方商业活动提供贷款和投资资本。
- 东海岸土地：为本地农场主、船员、企业和公民购买、出售和出租可持续性农田、负担得起的住宅及商业企业。

项目的一个评论家写道："VESC 对 TNC 而言是一个大胆激进的尝试。它源自于一个认识，即 TNC 的土地获取模式满足不了保护东海岸主要的土地和保护点的需要；它也产生于一个期望，TNC 应当行动起来促进经济和捍卫当地社区的生活方式。"[2] 对保护新工具的需求和采用新的策略减轻该地区面临的压力，TNC 都做出了正确的评估，但是在实施这些新方法时却陷入了麻烦。

早些时候威克斯承认了这种努力中固有的挑战，他发现："保护学家们构思、建立、利用营利的商业运作作为保护工具，他们离开自己所熟悉的公园和保护区领域，能走到这一步，实属不易……项目的运作现在处于一个未卜难知的境遇，但它的发展方向是确定无疑的。"[3]

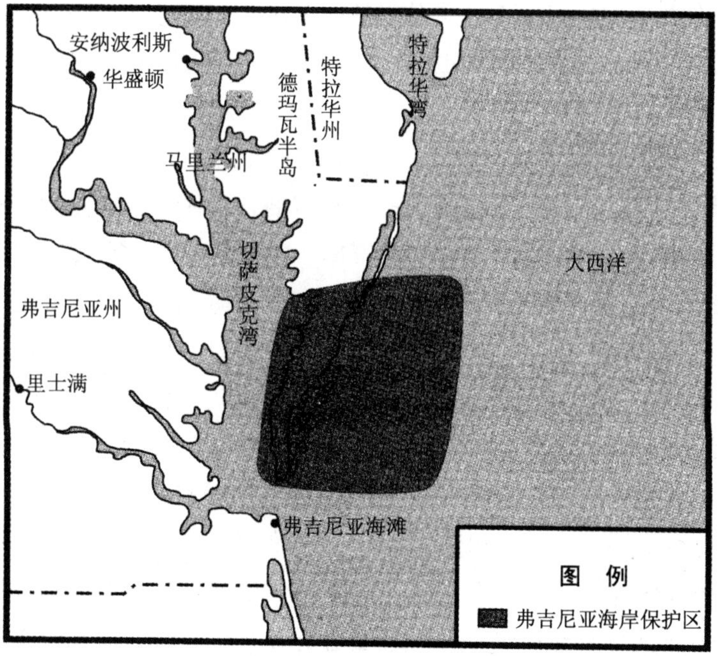

图 10.1　弗吉尼亚州东海岸

尽管对这些新的概念寄予了无限的希望和期待，但是 1999 年年中公司因赤字倒闭了。就如同保护学家搞保护需要专业的知识一样，运作 VESC 也需要企业家所拥有的专业技能和素质，但这个项目却低估了这一点。对每个打算把兼容发展作为保护策略的人来说，VECS 垮台的故事应当令人警醒。企业发展中心（CFED）分析形势时言简意赅："有缺陷的概念，有缺陷的商业计划，有缺陷的执行。" VESC 的设计和运作让 TNC 来掌舵——而不是让有动力的企业家来负责。正如分析人员指出的："TNC 错误地参与了生意的直接运营中，而不是作为关系的经纪人、交易的发起人或新市场的提供者。" 投资一个商业活动是一码事，但是具体地开发一个与使命相关的商业运作却是另一码事，它更加复杂也更加专业。

东海岸的一个难题是它萧条的乡村经济。商业计划要求 VESC 在同一时间展开多项商业活动，而且他们之间的差异性很大：农产品、房地产开发和农业——这些都要求完全不同的专业技术。简而言之，这对企业家团队都是一项极具挑战的任务，在 VESC 经费和员工都不太多的情况下，更是不可能完成的任务。CFBE 再次概括了项目的种种缺陷："太多的新业务、市场分析不充分、盲目和不切实际的乐观、无根据的假设、CEO 的过多职责。"

这个项目资助的一个经济上成功的案例是蛤水产养殖业。为了减轻对滨水区开发和与之相关的基础设施的威胁，最终的结果显示保护目标和商业的那些目标可以分离。根据 TNC 对项目做的一个内部评估，"现在看起来，当操作的范围开始超过可持续水平时，蛤水产养殖会无意地产生负面影响……一旦释放出来，TNC 几乎无法控制市场。要提防意料之外的后果——兼容经济发展引发的问题也许和它解决的问题一样多。"[4] 经济体系和市场纷繁复杂，而它们也并不遵循自然保护的那些规则。

这个项目的设想过于庞杂，商业计划也过于宏伟，因而执行情况很令人失望也就不足为奇了。VESC 运营头两年的损失超过 100 万美元——公司最初资本的 86%；并且开支持续增加。到 1998 年，公司的赤字达到近 200 万美元，没有了资金，1999 年 8 月企业倒闭了。正如比尔·威克斯所讲："多些实在的措施，少些华而不实的张扬，项目也许会做得更好"，这也印证了多个商业分析师的观察：钱太多，导致成本控制不严和商业策略评估不扎实。[5]

遗憾的是，VESC 的经济失败掩盖了项目在保护方面取得的巨大成就。在过去的 30 年中，这个项目保护了 14 个堰洲岛、主要深水港和大陆缓冲带，保护地总面积超过 1.8 万公顷。这些工作为这里的重要景观产生永久的积极影响。

VESC 只是 20 世纪 90 年代试图连接兼容发展和环境保护的大规模项目之一。实际上，它甚至不是最宏伟的。美国国际开发署的生物多样性保护网络（BCN）运用企业发展和保护相结合的概念，7 年间在亚洲和太平洋地区的 7 个国家建立了 20 个项目。这些项目产生了 48 个以社区为基础的企业，花费了纳税人 2 000 万美元。BCN 从 80 年代末开始挑选了 20 个非常不同的项目：出售来自尼泊尔的精油；在印度尼西亚咕农巴龙（Gunung Palung）开发小规模的热带木材商业；在所罗门群岛的阿尔诺沃（Arnovon）群岛开发地方渔业。其他的尝试还包括养蝴蝶、养蜂；印度尼西亚罗瑞林都（Lore Lindu）国家公园漂流。[6]

尽管这些企业比 VESC 的那些企业规模小，但它们面临了同样的问题。这些项目的商业理念可能很有意思，并且经济上也有可行性，但由于商业计划中某个或多个致命的缺陷，而功败垂成。在阿尔诺沃群岛，保护的目标是把当地的岛民引向丰富的海洋捕捞业，停止捕捉海龟和开发近岸水域的礁石。渔具、船、培训和制冰厂都是发展当地企业使渔民离开濒危资源策略的一部分。但是外部的情况让这项工作困难重重。尽管可捕捞的渔业资源丰富，并且这些鱼的市场价格也很可观，但是要把新鲜的鱼从南太平洋一个偏僻的小岛运到澳大利亚、夏威夷、日本的市场却是一项太艰巨的任务。首先，鱼要用船运到首府所在的岛——需一天的时间——然后再通过每周一次的航班转运到澳大利亚市场。由于所罗门经济困难和内战持续不断，机场和船的日程总是被打乱，因而很难保证这些产品能及时到达市场，并满足对新鲜度的要求。

在印度尼西亚的罗瑞林都国家公园，尽管努力想把漂流公司吸引到构成公园一个边界的这条河，但是只有一个旅行团成行。令人失望的后勤保障和社会状况，以及其他更吸引人的漂流地点，让这个项目的成功化为泡影。尽管养殖蝴蝶看起来在经济上可行，但是由于社会动乱和政府官员腐败，无法获取出口许可，最后也失败了。

BCN 资助的其他项目中，为游客修建了招待所，但是由于缺乏市场宣传或甚至道路不通，只有少数无畏的旅行者找到了去这些设施的道路。培训村民招待游客和从非消耗性使用雨林中获取收入的主意不错，但只有在游客真正会去的情况下才有效。

尽管有这些失败，但不是所有结果都是负面的。当地社区参与保护项目带来了一些出色的可靠成果，共同从事一个商业活动可以逐渐变成更强大的社区。即使企业倒闭或无法盈利，工作中建立的教育和宣传会为保护带来一些益处。BCN 总结道："你不能期望任何保护策略自己能够拯救雨林或礁石。相反，任何特定项目都需要各种适合当地条件的策略的相互配合。"[7] 这是一个重要的提醒，让社区参与其中非常重要，培养强大的社区比任何经济企业更能持久。

1996 年我到 TNC 的第一项任务是在巴布亚新几内亚工作，在那里我们正在经历很不成功的兼容发展策略。1996 年初，政府正在扩大伐木特许权，涉及几十万公顷的森林。那里的国家公园体系势单力薄，伐木特许权的采伐地通常与这些"纸上公园"相重叠。由于地区性的内战和来自采矿业的收入萎缩，政府迫切需要增加收入来满足民众最基本的需求。再加上气候异常造成干旱，使原本正常情况下郁郁葱葱的高原，也是国家的产粮地区，变成了满目疮痍的不毛之地。尽管存在这些巨大的挑战，但是这个国家生物多样性异常丰富，人类文化也独一无二。这个 400 万人口的国家共有 800 种语言，社区和生长在这个岛上的 30 多种天堂鸟一样多姿多彩和多种多样。

我们的策略是投标政府提供的伐木权中某些生物多样性最丰富地区的森林特许权，努力阻止当时盛行的极具破坏性的"走一路砍光一片"的伐木方式。我们希望对这些森林给出一个可持续性替代远景，国家也许会被引导到更环保的方向。同时，TNC 对可持续性林业毫无经验，我们如果要取得成功必须同一家营利公司合作。寻找这样一个伙伴是一件艰难的任务。没有一家北美林产品公司对巴布亚新几内亚有任何兴趣，他们都在几年前放弃了在亚洲发展工厂和森林的业务。韦耶霍伊瑟（Weyerhaeuser）公司的例子就很让人沮丧。它在马来西亚拥有一个很大的工厂和林场业务，但在腐败的环境中不具有竞争力。公司损失惨重并退出了这个市场。

我们最终选定了一个只在巴拉圭经营的小规模企业作为我们的合作伙伴，不久以后我们发现我们自己变成马当省北海岸约瑟夫斯托（Josephstall）

地区一个大型特许权的主要竞拍者。然而，世界另一个部分的不稳定很快湮没了我们的希望。因为日本日益深重的经济危机，对热带木材的需求崩溃了——日本是这个地区木材的首要买家——世界银行，难得一时良心发现，宣布如果巴布亚新几内亚继续不可持续的伐木，它要暂时取消对其的经济资助。

由此产生的经济的凋敝和政治的僵局让我们的努力付诸东流。由于低廉的原木价格，我们竞争不过贪婪的伐木者，我们的企业要求我们投资于减轻环境影响的伐木技术、铺设合适的道路、就地加工和培训巴布亚新几内亚人民。即使企业是经济性的实体，由于政治原因我们不能破坏世界银行在政策方面的努力来打破面临的僵局。因此尽管这个可持续性森林项目本可以成为一个重大的保护策略，但三年的努力表明它并不是一个可行的策略。

然而这不是我们工作的结束。当我们开始了解当地的人民后，我们开始明白他们的兴趣并不一定是在伐木，而是找到合适的收入维持社区和满足基本的生活需要。这为我们考虑新方法打开了一扇门。在南美，保护国际致力于开辟一个新的概念“保护特许权”，即以保护而不是开采为目的从所有者或政府那里租地。由于巴布亚新几内亚的地价很低，这个办法是可行的，但是国家法律禁止土地所有者在没有中央政府许可的情况下参与有关土地的交易。伐木特许权已经受到政府的推动，还需要两年的时间征得高等法院的同意终止特许权和通过新的立法明确地允许当地社区无需中央政府同意就可留出保护用地。这些法律上的问题解决后，项目参与了一个令人兴奋的新尝试，建立地方控制的管理区，明确其归社区所有，同时制订计划对其进行可持续性地使用，如旅游和小范围的农业和林业。巴布亚新几内亚生物多样性的未来远没有确定，但是新的以市场为基础的模型正在从过去的失败中涌现，它们特别适合那些有传统格局的社区土地所有制的国家。

我们能从弗吉尼亚、巴布亚新几内亚和印度尼西亚得到什么教训呢？首先，很明确的事情是保护组织需要知道它们擅长什么和不擅长什么，开发和管理商业活动通常不是保护组织的强项——尽管可能有例外。比如，阿巴拉契亚山俱乐部证明自己能有效地经营地处偏僻乡村的一个颇具规模的娱乐业，也能经营好美国东北一系列生态旅店和与自然相关的各种设施。这是他们的核心竞争力。

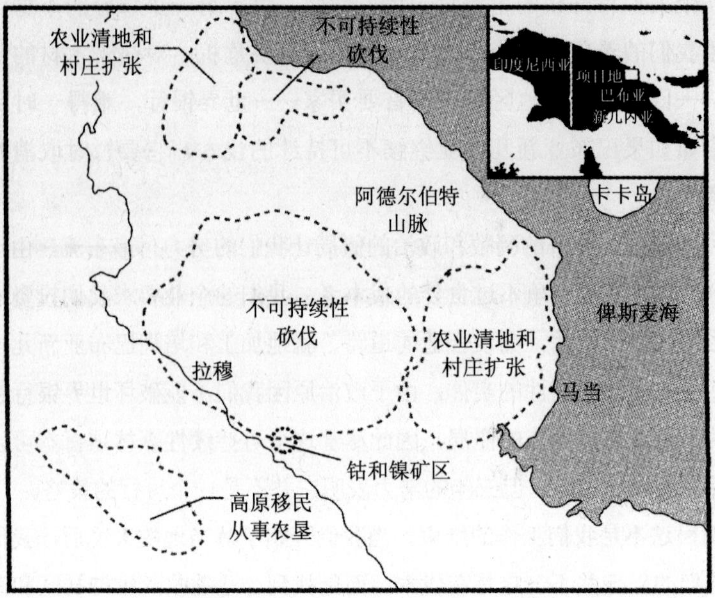

图 10.2 巴布亚新几内亚约瑟夫斯托-马当省森林的主要威胁

其次，仅仅因为一个商业概念可能对保护有益，不一定表示它能成为可行的、盈利的企业。任何试图达到可持续性所包含的“三重”底线的企业——经济、环境、公平——即使有一个精明强干的企业领军人掌舵，也要面对许多艰巨的任务。一次又一次，这些企业证明简单地投资一项保护的商业理念不会保证未来的盈利和回报。

尽管成功难以捉摸，兼容经济发展的理念仍然值得追求。尽管有失败，走向对可持续性有利的经济环境的努力仍然是我们未来的工作重心。但是，在通常情况下，要取得成功，须和其他人合作。这些合作伙伴包括：擅长经营小企业的社区发展组织，真正有商业才能和保护资本的企业家，或善于建立激励机制（无论是通过规章制度还是通过经济手段）的企业家。他们都有一个共同点：比其他人更重视有利于自然保护的商业实践。

专栏 10.1 兼容发展的教训

从参与兼容教训的环保组织学到的主要教训：

- 对保护有利的举措不一定是盈利的商业运行。全面地测试你的想法，并保证保护学家的意识形态不能代替严密的经济判断。
- 坚持合作，大部分保护组织缺乏做生意的头脑。非营利的文化同商业的企业家精神是不同的环境。
- 同企业合作也许是比直接投身商业冒险更好的选择。保护组织能够也应该提供他们商业计划中缺失的因素——资本、技术支持、政治努力及对可持续性企业有利的政策环境。

11 大自然范围的保护

许多人都有一个关于北方森林的梦想。我的梦想是我们将为后代保护这片伟大森林的美丽和野性，为人类留下一个崇尚自然、可持续利用的资源。

——斯蒂芬·戈尔曼《Northeastern Wilds》

从 1999 年起，我开始为 TNC 的北阿巴拉契亚生态区工作。它有 3 200 万公顷的大量未开发和完整的森林，把两个国家——美国和加拿大——连接为一个森林。[1] 受到冰蚀和风化作用的阿巴拉契亚山脉的北端穿过这片景观，从加拿大的沿海省份延伸到纽约的阿迪朗达克。该地区有一个主要为北方硬木和云杉—冷杉林组成的丰富和多样的环境，尽管靠近加拿大和美国主要的大城市，却保持得非常完整。

这是白人冒险家早期定居之所，它有 300 年木材采伐和人类使用的痕迹。与西部不同，在美国这些土地大部分为私人拥有，除了一个显著的例外是阿迪朗达克森林保护区和两个中等大小的国家森林公园。在加拿大，尽管私有土地仍然是主导，但官方土地仍控制了许多林区。即使是在这些公共拥有的地区，长期出租给私有的森林公司是常规的管理策略。私人公司的长期使用和景观相对较好的条件证实了本书的基本主题。正确地激励土地所有者，他们可以成为土地有效的保护者。并且，在这个景观中，几百年来塑造该地区的经济力量有效地孕育了许多自然生长的森林。

然而景观在改变。在将近 100 年的稳定的私人所有权确立后，这个地区正在经历土地所有权快速的流通。在缅因州，超过整个州 1/3 的土地，即 280 万公顷土地，在过去的 5 年中被买卖。最近一次销售的国际纸业（IP）44 万公顷的土地覆盖了这个州 5%的土地。在新罕布什尔，另一项 IP 的交易导致该州近4%的土地被出售。即使是在东加拿大，魁北克的Domtar公司宣布计划将放弃自己逾40万公顷的土地以偿还债务，并专注于造纸业务。

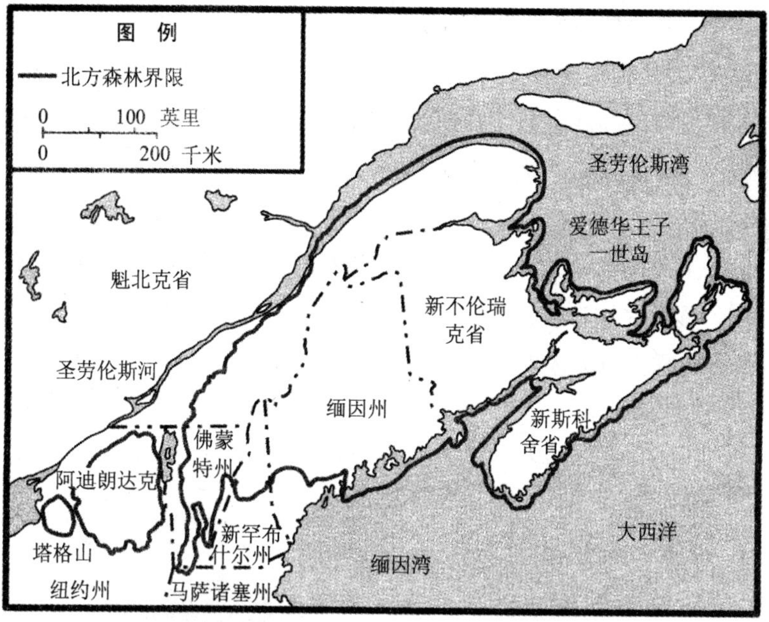

图 11.1　北方森林

尽管私有制占主导地位，这个地区仍有一些伟大的早期成功保护的案例——最著名的是州长佩西瓦·巴克斯特购买的缅因州 8 万公顷的荒野，现在这片地以他的名字命名，白山和绿山国家森林公园，当然还有阿迪朗达克森林保护区。然而保护休整了很多年，直到 20 世纪 90 年代初，新一轮的保护工作才开始改变这个地区的许多地方。

在早期，保护界得出结论：这个地区主要的保护目标必须是保护这个地区丰富的森林生态系统。这个地区不是仅有一种有魅力的动物，如狼或马熊，在生态系统中占优势。相反，丰富的生态群落构成了北方森林，它哺育了多种热带地区的刺嘴莺和燕雀以及小型哺乳动物，例如渔貂、松貂、猞猁和短尾猫。哈德逊河、康涅狄格河、培诺伯斯科特河和圣约翰河把这个地区分割开来，工厂依靠型的小村庄点缀着文化和经济景观。通过保护这些系统的完整性来保护包罗万象的森林生态系统，成为这个地区现代保护工作的主要重点。

传统的民间保护，有效地保存了这一系统的健康和完整性。这一区域的大部分物种还适应了长期轮作期和天然更新的模式。实行自然的森林管理的历史，让当地的物种在该系统中很适应。然而这个系统却因新经济力量的进入在经历巨大改变。东海岸 5 000 万人口，受到一天车程可到达的上千个未开发过的湖泊和几千米长的河流的诱惑，开发的冲动给森林带来了压力。同时，为了竞争，新产业的所有者沿着森林中蜘蛛网一样的干道、支路，带来了外来入侵树种，开展造林活动。这些道路取代了许多小河流地区历史上的伐木路线。最终，大自然发挥了自己的影响，20 世纪 70 年代中期，周期性的云杉色卷蛾的爆发，毁灭了几百万公顷的森林，毁灭了将这片林地作为经济林地的激励政策。

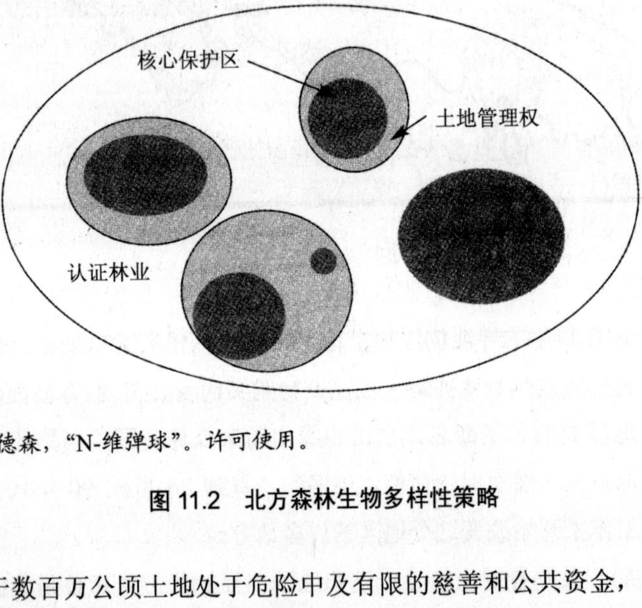

来源：安德森，"N-维弹球"。许可使用。

图 11.2　北方森林生物多样性策略

由于数百万公顷土地处于危险中及有限的慈善和公共资金，在这个地区工作的保护学家开始意识到需要一套实在有效的新策略。有关该地区未来的一个愿景开始形成，"大小合适的"核心区被缓冲区保护，在缓冲区实施土地管理权限制开发，并要求可持续性管理。这些合法的保护区可以嵌入土地所有者、他们的顾客和地方社区自愿共同保护的土地中。为了实现这个新方法，保护学家需要向林地所有者展示森林认证和大规模土地管理权的优点，并寻找资源建立一个精挑细选的保护区的网络。

选择正确的森林地区来保护，并为这些地区匹配适当水平的保护产生了关于区分优先和保护设计的新想法。在TNC美国东北科学项目主任马克·安德森博士的带领下，新的分析工具产生了。“生态土地单位”的概念提供了一条线索去寻找正确的土地来集中研究。绘制整个地区林地完整的林区，然后分析其关键的地球物理特征。这项工作使保护规划师可以从佛蒙特州查普林（Champlain）山谷和缅因州阿鲁斯图克（Aroostook）县的石灰质土壤中，区分花岗岩占优势的林区，如白山的林区。每个这种典型的森林发源地类型支持森林、植物和野生动物物种的一种特殊组合。最后横跨这个地区确定了九种森林群落基本类型，代表了高比例的森林生物多样性。

用适当的施业林缓冲区来对横跨这个地区的这九种森林类型的多个实例进行保护是一个令人清醒的工作。优先的森林发源地地点仅在美国一侧横跨了近240万公顷。主要的问题是这些森林中有多少真正需要受到保护，并在什么水平进行保护？马克·安德森的团队再次提出了一些重要答案。他们从研究自然原因，如火、风暴和飓风，引起的干扰的历史模式开始。如果保护地的范围太小，他们可能遭遇潜在灾难性的干扰，干扰有可能摧毁通过几代的努力创造的原始条件。这个地区有一些这样的鲜明的例子。在康涅狄格州，一个最后遗留下来的约 120 公顷的原始林区在很短时间内被龙卷风吹倒。明显地，120 公顷的原始林区不够保证维持原始系统的存续。另一个要考虑的因素是原始森林保证关键物种存活的最小面积。在这种情况下，科学舆论认为，保护大到支持关键物种至少25对繁殖的土地对在保护区范围内建立能存活的种群很必要。由于不是所有物种都在原始条件下蓬勃发展——猞猁、渔貂、短尾猫和狼季节性地舒适生活在施业林地区——重点是热带的候鸟、苍鹰和松貂，它们都需要在原始条件下茁壮成长，它们的存在是保护区全面的生态系统健康的强烈指示。最后，科学家们制定了森林发源地地区每个确认的实例至少一个 1 万公顷的目标。理想状况是这些地区包围在缓冲区中，缓冲区由可持续性管理的森林组成，并受土地管理权和志愿认证的工作保护。制定这些目标时没有绝对的方针：受保护施业森林较大的缓冲区可能意味着某个特定保护区会较小但仍然是有效的，相反地，被开发包围的保护地需要更大的面积实现其保护目标。还很明显的是，无论最小面积是多少，保护地越大越好。

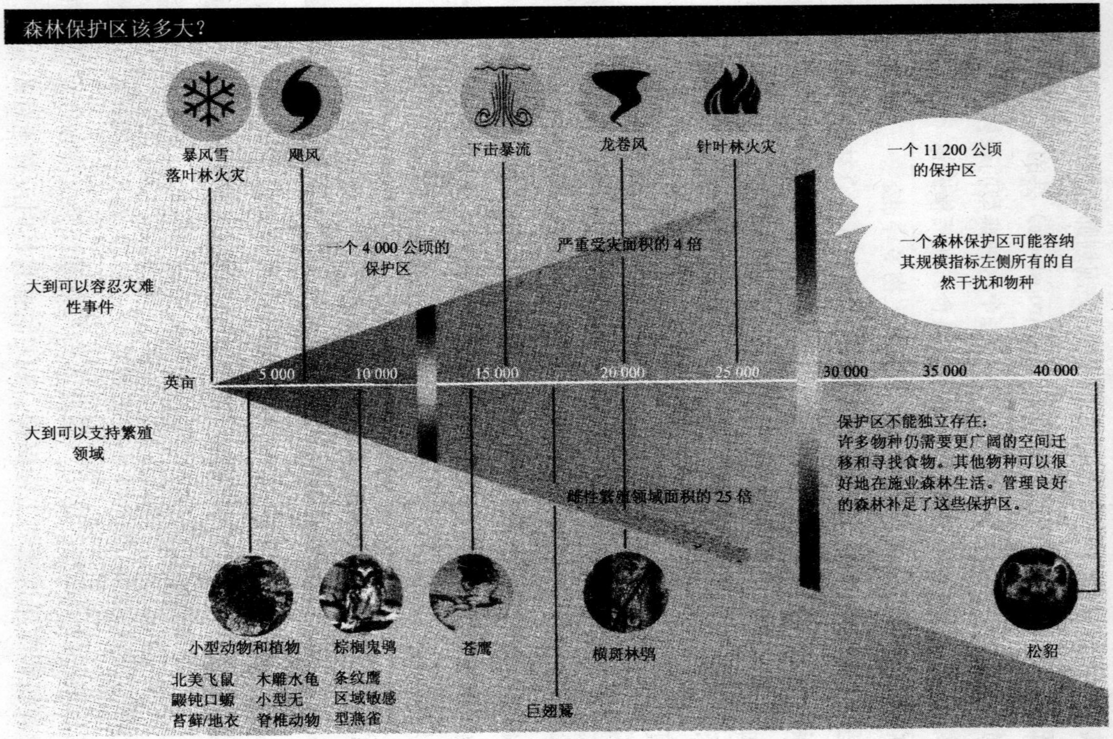

图 11.3　北方森林保护区的比例因素

当这个愿景出现的时候，其他科学家考虑把林区连接起来，这样做是为了保证广域分布物种，如猞猁，能够在发源地地区间自由活动，甚至历史上已经消失的东部森林狼可能重新出现，从圣劳伦斯河对面进入这个地区。尽管没有得到保护界的普遍支持，特别是没有得到那些寻求国家公园作为它们最终渴望的人的支持，但是很多人同意这个计划至少保护了大量的生物多样性并为未来争取了时间。

为了这个计划能起作用，保护学家既要执行传统的策略，比如买足够的公园和保护区，也要保证在缓冲区的施业林的生存能力。巧合的是，这个愿景密切地反映出新兴的全球目标，为生物多样性管理留出世界表面积的10%～15%，结合剩余85%景观的可持续性管理。

从20世纪90年代起，愿景的执行过程中完成了很多目标。建立重要缓冲区的80万公顷的森林土地所有权已经到位；20万公顷的新保护区已经获得；320万公顷的林地已经被认证。超过1亿美元的私人股权资本匹配到2亿美元的慈善和政府基金来完成这个结果。所有权和保护的新体系正慢慢地浮现在景观上。

没有任何地方执行的新策略比在北佛蒙特、新罕布什尔和西缅因这三个州交界地区的更有效。1990年，除白山国家森林公园以外几乎没有任何优先地区被保护。将近15年的稳定发展重新定义了这个地区的外观。创新的市场工具和传统的常规保护在引导这个进程。当国际纸业（IP）和冠军国际纸业（Champion）在该地区紧缩时，同投资人间的私人交易使保护工作获得了立足点，在北新罕布什尔和佛蒙特同私有投资人产生了历史性的保护交易。这些同私有投资人的合作保护了超过12万公顷的施业林，并保证另外3.6万公顷核心保护区的建立。

其他的力量也在改变三个州交界地区的未来。首先，一个非常令人尊敬的长期的土地所有者平格里家族，逆反资产剥离的趋势，相反地，把缅因州3万公顷的土地管理权卖给了新英格兰森林学基金会。其次，开始出现一系列令人兴奋的新交易类型。康涅狄格河水权和水坝的拥有者美国宗谱（USGen）宣布，作为它的再授权工作的一部分，他们愿意为沿着康涅狄格河的佛蒙特和新罕布什尔两侧河岸的关键河滨走廊资助9 300公顷土地所有权。缅因州朗吉利湖区一个类似的交易产生在佛罗里达电力和照明公司

（FPL）再授权该地区水坝的工作中。公司同意将近 100 万美元授予朗吉利湖区土地信托公司的土地收购工作，这可以令信托公司完成早期由于收到来自一个当地土地所有者位于朗吉利湖区主要几个湖的湖岸的 3 200 公顷土地的赠品而已经开始的大量工作。

专栏 11.1 主要土地保护交易——佛蒙特、新罕布什尔和西缅因

同私人投资者建立的合作关系

- 冠军，佛蒙特：6 万公顷受保护，包括现在被埃塞克斯木材公司拥有的 3.6 万公顷土地，受施业林土地所有权管制。重要保护区受康蒂（Conti）国家野生动物保护区和佛蒙特州保护。
- 邦内尔地块（Bunnell Tract），新罕布什尔：7 300 公顷受保护，包括 3 650 公顷受同 GMO 可更新资源合作的土地所有权管制。保护区属于 TNC。
- IP 康涅狄格湖区：7 万公顷受保护，包括 1 万公顷保护区（现在属于新罕布什尔州）和 5.7 万公顷属于莱姆（Lyme）木材公司（受土地所有权管制）。

为保护评估水资源

- 朗吉利湖区：佛罗里达电力和照明公司 100 万美元用于土地保护作为部分 FERC 重授权程序。
- 新罕布什尔和佛蒙特的康涅狄格上游湖区：USGen 康涅狄格河 9 300 公顷河滨走廊和上游湖泊的土地管理权作为部分 FERC 程序。

顾客要求更加绿色的产品

- 可持续森林倡议认证：MeadWestvaco 公司 20 万公顷土地（现在被瓦格纳公司（Wagner）管理），国际纸业公司 44 万公顷土地（现在被 GMO 拥有），其他。

- ➢ 森林管理委员会认证：20 万公顷缅因公共保护区土地和七岛屿土地公司管理的 40 万公顷土地。
- ➢ 平格里家族，缅因：整个缅因 30 万公顷被施业林土地管理权覆盖。

传统购买

- ➢ 纳什州立森林，新罕布什尔：TNC 为新罕布什尔州购买的 1.9 万公顷。
- ➢ 社区森林，新罕布什尔：新罕布什尔州兰多夫镇，2 000 公顷。
- ➢ Umbagog 国家野生动物保护区的扩大区，新罕布什尔和缅因：8 000 公顷。
- ➢ 阿巴拉契亚小径保护：1 万公顷。

最后，认证开始在这个地区起作用，主要的土地所有者都快速相继签约。平格里的土地和缅因州拥有的土地，选择了可持续森林倡议（SFI）和森林管理委员会（FSC）的双重认证，对于国际纸业和 Mead-Westvaco，仅执行 SFI 认证。

有了这些和其他更小的交易，该地区的保护覆盖图已经发展了 15 年，如图 11.4 所示。

目前的情况不是成功的美好景象，而是不同政策和不同水平的保护的混乱叠加。单独取出这些策略中的任何一个都不能实现这个地区要求的保护范围。但是把它们作为一个整体或联系起来，结果是令人印象深刻的。在北方森林这个地区我们的优先保护地内，35 万公顷各种类型的地形受到某种水平的保护——超过保护目标的 60%。计算一下超过这个特殊地区边界的机遇，在这部分北方森林所有受保护的景观的面积近 53 万公顷。总的来说，这是一个寻求既利于生物多样性和荒野又接受在这片景观居住和工作的人的重要性的方法。培养社区、工业界和保护主义者间的这个脆弱的联合是一个长期的挑战，对我们的成功至关重要。如同著名的保护评论员斯科特·拉塞尔·桑德斯指出："无论土地使用何种法律的保护措施，如果没有人类一年又一年，一代又一代地承诺照料这片土地，没有任何土地可以免于破坏。因此所有保护必须以培养职业道德为宗旨。"[2]

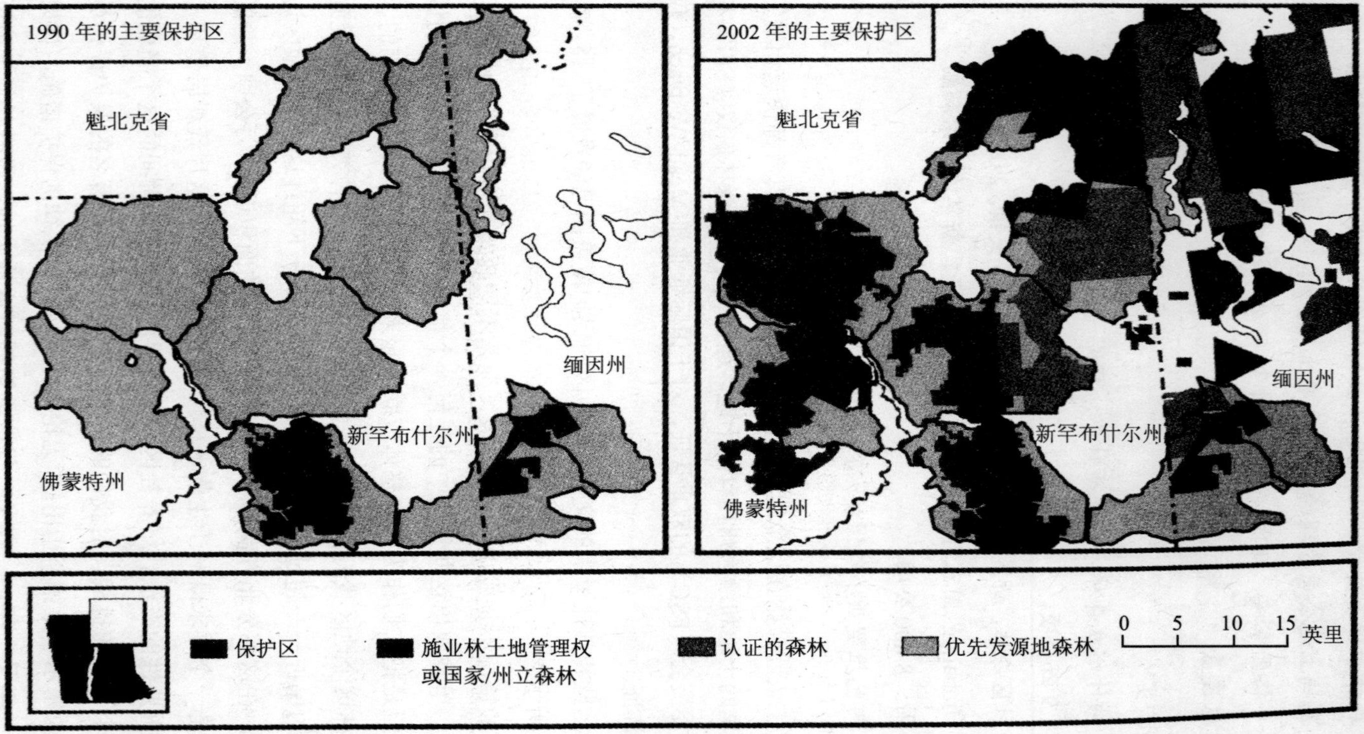

来源：改编自安德森，“N-维弹球”。许可使用。

图 11.4　1990 年和 2002 年的主要保护项目

我们的工作还没完成。气候变化、入侵物种、大气沉降都威胁着这个地区，没有任何当地的努力或土地保护可以解决这些全球的威胁。其次，我们的许多保护对象只是受到自愿安排的保护，如认证，这些可能无法在公司和私人土地变化时幸存。这些保护倡议受到的社区支持随着横扫地区的工厂停产和创业的经济的波动。改变对很多地区而言很难，这些地方百年来一贯的所有制被土地的出售和开发打乱。但是我们相信我们正在正确的方向上前进。

专栏 11.2　北方森林资源

北方森林联盟

乔治·盖伊，执行总监

43 州街

蒙彼利埃，佛蒙特 05602

电话：802-223-5256 转 11

传真：802-229-4642

网址：www.northernforestalliance.org

这个组织致力于北方森林美国一侧的政策工作，并已经用了 10 年时间定义这个地区的愿景。

北方森林中心

史蒂夫·布莱克梅尔，主席

210 信箱

北主街 18 号，302 套房

康科德，新罕布什尔 03302-0210

电话：603-229-0679

传真：603-229-1719

网址：www.northernforest.org

这个中心致力于保持传统文化和土地使用在该地区有活力。

两个国家，一个森林

阿伦街 6151 号

哈利法克斯市 NS B3L 1G7

加拿大

电话：902-422-2005

詹姆斯·沙利文，执行总监，Sullivan@web.net

美国和加拿大社会组织的一个网络，寻找合作来建立长期生态可存活的景观。

12 跨越分隔

当我们进入新的千年，伟大的任务是完成从人类毁坏地球的时代向人类与自然互惠共存的时代的转变。

——托马斯·贝里《伟大的工作》

在一个资本主义支配了我们太多的文化和政治的世界中，约束和调整它的力量有其实际意义。当大部分国家为保护其国土面积 10%的土地已显得力不从心时，我们不能忽视剩余的景观，不能忽视它提供的重要生态功能，以及它们所承载的社区。“保护学家”斯科特·桑德斯说，“有很多东西要向那些依然从土地上获取生计的人学习，这些生计包括狩猎、渔业、放牧、园艺、砍伐。这些人考虑最多的是抱着恭敬的态度去使用土地，因为他们知道地球是最终的财富资源。”[1] 应用市场为导向的工具帮助更多的人和企业走向可持续性世界的目标，可能是我们最大的希望所在。正如保罗·霍金斯观察的那样：“具有讽刺意味的是，企业是我们的突破口，因为在现代社会没有其他机构有足够力量来促进必要的改变。”[2] 同时，他还主张：“如果任何旨在逆转环境恶化的方案需要对市场力量进行全方位的改变，那么这样的方案根本不可能得到实施。”[3]

如果我青年时代有人告诉我，保护工作会把我推进公司会议室中的复杂商业交易，我肯定会非常惊讶。那时，我的世界充满了理想主义和最纯洁的对荒野的挚爱。现在，我作为成年人又生活了三十几年，我希望我没有失去早年对保护做出的任何承诺，但是我开始体会到一套新的务实的工具的潜能，这些工具有助于建立一个新的世界，在这个世界里人类与林林总总的自然群落和谐共处。

很明显，保护区、国家公园和荒野需要我们的继续关注和支持。传统的土地保护工具可以完成大部分这样的工作。但是美洲鹤、黑纹背林莺和黑嘴天鹅不能仅生活在营巢保护区和越冬保护地中。它们都必须每年迁徙，越过被人类占据的景观，沿途的施业牧场和森林的有利条件对它们的生存是至关重要的。令人欣慰的是沿途数不清的农场主和林场主都希望它们过得好，并认可它们有权和人类分享沿途的土地。

现在，我们不可能回到远古，那时大自然不受人类的侵扰，按照自身的规律运行。如同迈克尔·波伦指出的："即使是我们国家最壮观的'荒野'——黄石公园也需要仔细的管理，而不能简单地'随它去'。如今，即使黄石公园也必须'采取园艺措施'，精心打理。"[4]要平衡人与自然的关系不是件容易的事情，但是我们必须管理，没有其他办法能在全球生态平衡中为人类提供未来。

对政府保证保护生物多样性的期望是至关重要的。实际上，几乎世界上所有国家（很遗憾没有美国）都签署的《生物多样性公约》承诺在 2015 年前在全球保留最具代表性的保护地体系，这些保护地要占到地球面积的10%。但是即使政府实现了这个保护目标，大自然也不会规规矩矩地待在整齐的分界线内。如果开发已经到了保护区的门口，保护区将会显得势单力薄。圣约翰河需要用它的冰来冲刷河岸为虱子草创造肥沃的土地。要实现这一点，必须控制资源的消耗以保证气候的稳定。我们的森林可以提供部分的答案，因为木材是非常好的建筑材料：可再生，可循环。在可持续性地管理下，林木可以成为我们建房的主要材料，也可用作取暖和做饭的燃料。如果管理不善或是非法采伐，木材诸多的环保潜能就会付诸东流。后果是我们不得不更加依赖合成材料和不可持续的、能源密集型的替代品。

因为我们面对的不少挑战都和商业有关，社区的参与将必不可少。人类最显著的特征之一是我们合作的能力。经济是这个高度发展的合作体系的一个具体表现。这使得与人合作成为我们策略的中心。市场为导向的工具是资源可持续利用的关键。但是这还不够，如同彼得·福布斯所言："要实现对土地保护的愿望，不能仅仅通过划出多少面积进行保护就可以了，而是要在尽可能多的人的心中激发出对土地的热爱和尊重。"[5]无论是忽视我们进行自然保护的根本动机，或是低估市场在环保中的力量，都只会降低我们成功的几率。

尽管保护自然地域很重要，但如果只局限于自然地域本身，而不去解决其他的基本问题，要解决好环境问题还远远不够。[6] 许多思维开阔的看法都认可这一点，“地球宪章”便是其中之一。为了达到生态完整性，社会和经济公平、民主、非暴力和和平是不可分割的。如果我们要保护地球上的所有生命，我们要改变我们的价值观念和发展方向，我们也要更加大胆，去建设社区、根除贫困和可持续性地使用我们的资源。我主张保护结合市场便是这种转变的中心。

这种改变将来之不易。回到 1927 年，州长巴克斯特保护卡塔丁山的计划受到缅因州新闻舆论的嘲笑。《波特兰新闻先驱报》写道：“递给州议会的所有建议书中最愚蠢的就是州长巴克斯特提倡缅因州买下卡塔丁山并建立一个州立公园。”[7] 最终，巴克斯特用自己的钱买下了这块地，它现在已经被尊为 20 世纪最鼓舞人心的保护功绩。在我们前行的过程中，我们将面对类似的挑战，但成功就在不远的前方。

为了成功，指导我们经济的激励策略须把我们引向正确的方向。如果世界上许多生物多样性热点地区的贫困横行，或者消费者对他们购买的东西的来源漠不关心，那么乱砍滥伐、过度耕种、竭泽而渔等问题就会泛滥成灾。反之，如果对可持续性的重视成为全球各种生产活动的共同准则，我们的未来将充满希望。商业的力量十分强大，但其并没有内在的环保驱动力。而我们可以引导它的方向。理解商业的本质可能是做好自然保护的最佳途径。跨越这个分隔是我们面临的一项伟大使命。

注释

引言：面对自然

1. 住房趋势信息等有目的和令人震惊的经济数据参见：www.economicindicators. gov.

2. Wade Rawlms. N.C.. Forests Falling Fast: State Lost More Than 1 Million Acres from 1990 to 2002. North Carolina News and Observer，2004-3-26.

3. 美国政府覆盖宏观经济趋势的官方网站能找到，www.bea.gov.

4. An Environmental Deficit. New York Times，editorial，2004-2-11.

5. E. O. Wilson. The Future of Life. New York: Knopf，2002：156.

第 1 章　与大型木业机构合作

1. Peter Forbes，Kathleen D. Moore，and Scott R. Sanders. Coming to Land in a Troubled World. San Francisco: The Trust For Public Lands，2004：xii.

2. Timberland Markets. North Hollywood，CA: Paperloop，2003.

3. 出处同上。

4. 出处同上。

第 3 章　破产与生物多样性

1. 关于森林管理特别是特立亚姆项目的许多问题的详细讨论，见 David Lindenmayer，and Jerry Franklin. Conserving Forest Biodiversity. Washington，D.C.: Island Press，2002.

2. Goldman Sachs to Create nature Resrve in Southern Chile. Press Release from Goldman Sachs，2003-11-10.

第 4 章 投资的态度

1. Marsha Glickman and Marjorie Kelly. Working Captial. E Magazine，March-April，2004：28-34.

2. 2003 Report on Socially Responsible Investing Trends in the US. Washington，D.C.: Social Investment Forum，2003.

第 5 章 碳和森林

1. Sandra Postal and Brian Richter. Rivers for Life: Managing Water for People and Nature. Washington，D.C.：Island Press，2004：6-7.

2. 源自 TNC 发表的新闻稿。在以下网址可找到 http://nature.org?press/press985.html.

3. 归功于 TNC 总裁史蒂夫·麦考密克。在以下网址可找到 http://34568.portal.tnc.org/ xa/cfp/diversity/index.html.

4. California Leads on Warming. New York Times，op. ed.，2004-6-15.

5. Agriculture and Forestry Greenhouse Gas Baseline and Reduction Options. Maine Greenhouse Action Plan，2004-6-18：10-12.

6. Forest Carbon in the United States. Pacific Forests，2000（3-2）：4.

7. Carbon Solution: How More Forests Can Mean Less Warming. Pacific Forests 7-1（Spring 2004）: 4.

8. Forest Carbon in the United States. Pacific Forests，2000（3-2）：3-5.

第 6 章 大自然银行

1. 威廉·德拜，瓦利格兰德. 草银行：案例研究. 弗吉尼亚：保护基金组织，1999. 未发表。

2. Verlyn Klinkenborg. Crossing Borders. Audubon，1995（9/10）:128.

3. 出处同上，128-129。

4. Hal Herring. Fair Trade Ranchers Bank on Conservation. The Nature Conservancy Spring，2004：20-21.

5. 出处同上，20。

6. 哈特山草银行商业计划. 阿灵顿：TNC，2002. 未发表。

7. Terry I. Anderson and Donald R. Leal. Enviro-Capitalists: Doing Well While Doing Good. Lanham: Rowman and Littlefield，1997：94.

8. 出处同上，96。

9. Alcoa Willing to Swap Land for New Dam License. Associated Press，2004-4-20.

第 7 章　绿色商业

1. 关于 TNC 在印度尼西亚的工作的信息来自奈杰尔·赛泽。TNC 在印度尼西亚如何与非法砍伐作斗争？森林战略会议报告. 阿灵顿，弗吉尼亚，2003 年 6 月。

2. 如同乔纳森·霍夫纳一篇文章的报道，于 2004 年 1 月 21 日发表在印度尼西亚报纸 BNA 上。

3. 出处同上。

4. 源自 Mead Westvaco 的吉姆·希尔在“谁将拥有森林？”会议上的评论。波特兰，俄勒冈，2004 年 9 月 22 日。

5. 源自 J·里福金在州长的自然资源会议上的报告，缅因 2003 年 12 月。报告的副本可以在下列网站找到 www.maine.gov/governors/baldacci/news/events/refkin_files.

6. 如同在时代出版公司网站上“地球的朋友”中报道的，http://infocenter.aoltw.com.

7. 有关这个和这个项目目前的信息我推荐 www.savethegreatbear.org.

8. Stephen Gorman. Northeastern Wilds. Boston: Appalachian Mountain Club Books，2002：168.

第 8 章　用于保护的免税

1. 我非常感谢 TNC 法律总顾问菲尔·塔巴斯的工作，并分享他对本章的材料的丰富知识。

2. News item from Common Ground 15，2（April-June 2004）：4.

3. 正如公司网站陈述的，www.squarion.com/recreation.html.accessed. 2004-4-21.

第 9 章　利于施业景观的鼓励策略

1. Attributed to Wilcove et al.，1996，as reported in Edwin G. Sauls，Practical Tips for Developers，Developers Guide to Endangered Species Regulation（Washington，D.C.: National Homebuilders Association，1996），109.

2. Progress on the Back Forty. Washington，D.C.: Environmental Defense Fund，2000：7.

3. William Weeks. Beyond the Ark. Washington，D.C.: Island Press，1977：142.

4. Terry Karkos. Federal Money to Help Preserve Wildlife Habitat. Sun Journal（Lewiston，Maine），2004-3-4.

5. LIP program Highlights Struggle over Which Species Need Help. Land Letter，2003-3-11.

6. Progress on the Back Forty. Washington，D.C.：Environmental Defense Fund，2002：18.

第 10 章　如果筑好了巢，鸟儿会来么？

1. Brian Dabson，Peter Plastrick，and Richard Turner. Lessons from the Life and Death of the Virginia Eastern Shore Corporation. Washington，D.C.：Corporation for Enterprise Development，2001：7.

2. 出处同上。

3. William Weeks. Beyond the Ark. Washington，D.C.: Island Press，1977：93.

4. Virginia Coast Reserve Program Assessment-August 2002，Final Report. Arlington，VA: The Nature Conservancy，2002，unpublished.

5. 出处同上。

6. Nick Salafsky et al.. Evaluating Linkages between Business and the Environment and Local Communities. Washington，D.C: Biodiversity Support Progfam，1999.

7. 出处同上。

第 11 章　大自然范围的保护

1. 这一章中大部分生态区规划和保护概念的智慧来自 TNC 东北部科学项目主

任马克·安德森博士，并发展成 TNC 北阿巴拉契亚生态区计划的一部分。

2. Scott Russel Sanders. Conservationist's Manifesto. //Peter Forbes，Kathleen D. Moore，and Scott R. Sanders. Coming to Land in a Troubled World. San Francisco: The Trust for Public Lands，2004：21.

第 12 章　穿越分隔

1. Peter Forbes，Kathleen D. Moore，and Scott R. Sanders. Coming to Land in a Troubled World. San Francisco: The Trust for Public Lands，2004：23.

2. Paul Hawkins. The Ecology of Commerce. New York: Harper Business，1993：17.

3. 出处同上，xv。

4. Michael Pollan. Second Nature（1991）. //Peter Forbes，Ann Forbes，and Helen Whybrow，eds.. Our Land，Ourselves. Readings on People and Place. San Francisco: Trust for Public Lands，1999：97.

5. Peter Forbes. The Great Remembering: Further Thoughts on Land，Soul and Society. San Francisco: Trust for Public Lands，2001：84.

6. 关于地球宪章的充分讨论，见 www.earthcharter.org。

7. Neil Rolde. The Baxter's of Maine. Gardner，Me: Tillbury House，1997：222.

参考文献

[1] "Agriculture and Forestry Greenhouse Gas Baseline and Reduction Options."*Maine Greenhouse Action Plan*. Revised June 18, 2004.

[2] Agriculture and Forestry Working Group, State of Maine. *Report to Stakeholders from the Agriculture and Forestry Working Group*. July 21, 2004.

[3] "Alcoa Willing to Swap Land for New Dam License."Associated Press, April 20, 2004.

[4] *AMC White Mountain Guide 25th Edition*. Boston:Appalachian Mountain Club, 1992.

[5] Anderson, Mark. "N-dimension Pinball."Unpublished powerpoint presentation given at Two Countries, One Forest Conference, Montreal, 2004.

[6] Anderson, Terry L.and Donald R.Leal.*Enviro-Capitalists:Doing Well While Doing Good.* Lanham, MD:Rowman and Littlefield, 1997.

[7] "An Environmental Deficit."*New York Times,* editorial, February 11, 2004.

[8] Aquarion. http://www.aquarion.com/.

[9] Barnes, Peter. *Who Owns the Sky:Our Common Assets and the Future of Capitalism.* Washington, D.C.:Island Press, 2001.

[10] Bergman, Barry. *Pacific Forests*.Santa Rosa, CA:The Pacific Forest Trust, Spring 2004.

[11] Berry,Thomas. *The Great Work, Our Way into the Future*. New York:Bell Tower, 1999.

[12] Berry, Wendell. *Another Turn of the Crank*. Washington, D.C.:Counterpoint Press, 1995.

[13] Birch, Simon. "That's the Spirit."*The Guardian*, August 24, 2002.

[14] Block, Nadine E., and V.Alaric Sample., eds. *Industrial Timberland Divestitures and Investments:Opportunities and Challenges in Forestland Conservation*. Washington, D.C.:Pinchot Institute for Conservation, 2001.

[15] Bridge, Maurice. "Radical Land-use Plan Proposed on Central Coast:Large Areas Will be Set Aside for Grizzlies and Other Wildlife".*The Vancouver Sun*, January 16，2004, B8.

[16] Bryant, Dirk, Daniel Nielsen,and Laura Tangley. *The Last Frontier Forests: Ecosystems and Economies on the Edge*. World Resources Institute, Forest Frontiers Initiative, 1997.

[17] Butler,Tom.,ed. *Wild Earth:The Journal of the Wildlands Project*. Richmond, VA:The Wildlands Project,Spring/Summer 2004.

[18] "California Leads on Warming ."*New York Times*, editorial,June 15, 2004.

[19] Canadian Boreal Initiative. "Forest Industry Takes Step toward Boreal Conservation." Press release,Montreal,January 26, 2004.

——. "Industry,First Nations and Conservationists Join Forces behind Largest Conservation Vision in Canadian History."Press release, Ottawa, December 1, 2003. *Canada's Boreal Forest: A Global Opportunity*. Ottawa Ont: CPAWS,March 2004.

[20] "Carbon Solution:How More Forests Can Mean Less Warming." *Pacific Forest*. Santa Rosa: Pacific Forest Trust,Spring 2004.

[21] Carey,John. "Global Warming:Special Report." *Business Week*,August 16, 2004.

[22] Carroll,Carlos. *Special Paper Number 5. Impacts of Landscape Change on Wolf Viability in the Northeastern US and Southeastern Canada; Implications for Wolf Recovery*. Richmond, VT: Wildlands Project, 2003.

[23] The Center for Whole Communities. *Measures of Health: Describing and Measuring the Connection Between Land and People—Version* 4.0, 2004.

[24] Chu,Showwei. "Chance to See White Spirit Bear Diving." *The Globe and Mail*,May 15, 2004.

[25] Coalition for the Permanent Protection of Kelda Lands. *A Crisis Is Brewing in Connecticut Today Brought on by the Potential Sale and Development of Vast Tracts of Open Space by Kelda and other Public Utilities*. Powerpoint presentation.

[26] Connecticut Fund for the Environment. *The Coalition for the Permanent Protection of Kelda Land*.www.cfenc.org.

——.Kelda CEO Offers Concerns,Cooperation,and a Regional Water Authority.New

Haven, CT. www.cfenv.org.

[27] Coastal Enterprises. *Fishtag Report*.June 2003.

[28] Collins,James C.and Jerry I. Porras.*Built to Last:Successful Habits of Visionary Companies*. New York:HarperCollins, 2002.

[29] Colnes, Andi and Steve Blackmer. "*Community Heritage Enhancement and Enterprise Act for Rural Sustainability*"(*CHEERS*)*in the Northern Forest* (*Draft*). Northern Forest Center,April 19, 2004.

[30] Compatible Ventures. *Grassbanks FAQ*. Accessed from www.compatibleventures.us/grassbank_faq.html, 2003.

[31] Conroy,Michael E.,Jose Gabriel Lopez,Camila Moreno,and Mia Charlene White. *Sustainable Solutions:Building Assets for Empowerment and Sustainable Development*. Ford Foundation,August 2002.

[32] "Conservancy, Ranchers Connect for Prairie Chicken."*The Santa Fe New Mexican*,editorial,September 5, 2004.

[33] Conservation Forest Partners and The Nature Conservancy. *Concept Summary and Responses*. February, 2004.

[34] The Conservation Fund. *The Conservation Fund Year in Review 2002*.Arlington,VA, 2002.

——.*Valle Grande Grass Bank: The Case Study*. Available online at http://www.conservationfund.org/pdf/casestudy.pdf.Fall 2004.

[35] Coperthwaite,Willianm. *A Handmade Life:In Search of Simplicity*. White River Junction, VT:Chelsea Green Publishing Company, 2002.

[36] Dabson, Brian,Peter Plastrik,and Richard Turner. *Lessons from the Life and Death of the Virginia Eastern Shore Corporation*. Washington,D.C.:Corporation for Enterprise Development, Spring 2001.

[37] Daily,Gretchen C.and Katherine Ellison. *The New Economy of Nature*. Washington, D.C.:Island Press.2002.

[38] Daly, Herman E. And Joshua Farley. *Ecological Economics*: *principals and Applications*. Washington, D.C, : Island press, 2004.

[39] Davis, Tim. *Forests for Life*: *Working to Protect*, *Manage and Restore the Worlds*

Forests Gland, Switzerland: World Wide Fund for Nature, 2002.

[40] DeBuys, W. *Valle Grande Grass Bank*: *The Case Study*, Virginia, 1999, unpublished.

[41] Dumanoski, Dianne. "Rethinking Environmentalism, " *Conservation Matters*, Fall 1998.

[42] Eddowes, Peter J. *Commercial Timbers of Papua New Guinea*: *Their Properties and Uses*. Port Moresby: Forest Products Research Centre, 1977.

[43] Ernst, Caryn. *Protecting the Source*: *Land Conservation and the Future of America's Drinking Water*. San Francisco: The Trust For Public Land, 2004.

[44] Feigenbaum, Cliff, ed. *Green Money Journal*, Spring 2004.

——.*Green Money Journal*, Summer 2004.

——.*Green Money Journal*, Fall 2004.

[45] Forbes, Peter. *The Great Remembering*: *Further Thoughts on Land*, *Soul and Society*. San Francisco: The Trust for Public Lands, 2001.

[46] Forbes, Peter, Ann Forbes, and Helen Whybrow, eds. *Our Land*, *Ourselves*, *Readings on People and Place*. San Francisco: The Trust for Public Lands, 1999.

[47] Forbes, Peter, Kathleen D. Moore, and Scott R. Sanders. *Coming to Land in a Troubled World*. San Francisco: The Trust For Public Lands, 2004.

[48] "Forest Carbon in the United States." *Pacific Forests*. Santa Rosa: Pacific Forest Trust, 2000.

[49] Freedman, Andrew, "Landowner Incentive Program Highlights Struggle over Which Species Need Help." *Land Letter*, March 11, 2003.

[50] Glickman, Marshall and Marjorie Kelly. "Working Capital." *E Magazine*, March-April 2004.

[51] Goldman Sachs. "Goldman Sachs to Create Nature Reserve in Southern Chile." Press release, December 12, 2003.

[52] Gorman, Stephen. *Northeastern Wilds*: *Journeys of Discovery in the Northern Forest*. Boston: Appalachian Mountain Club Press, 2002.

[53] Gose, Ben. "Tax and Save: New State Laws Encouraging Landowners to Set Aside "Land for Conservation." *The Nature Conservancy Magazine*, Winter 2003.

[54] "Grass Banking." Accessed from www.redlodgeclearinghouse.org/news/grassbanking.html, April 29, 2004.

[55] *Grassbanks*. Sonoran Institute Glossary. Accessed from www.sonoran. org/resources/ terms/si_glossary _grass. html, April 29, 2004.

[56] *Greenpeace Forest Views*. http://www.greenpeace. org, Spring 2004.

[57] Gripne, Stephanie and Hal Herring. "Model Grassbanking Projects."*The Nature Conservancy Mayazine*, Spring 2004.

[58] Gunawan, Marius. "Alliance Helps Overcome Indonesia's Forest Crisis." *The Jakarta Post*, April 27, 2004, www.thejakartapost.com.

[59] Hamilton, Gordon. "Corporate Buyers Looks to Eco-Certified Forest Companies." *Vancouver Sun*, March 15, 2003.

——. "Preserve Half of Rainforests, Scientists Urge."*Vancouver Sun*, November 20, 2003, A3.

[60] Hawkins, Paul. *The Ecology of Commerce*. New York: Harper Business, 1993.

[61] Herring, Hal. "Fair Trade Ranchers Bank on Conservation."*Nature Conservancy Magazine*, Spring 2004.

[62] Hopper, Kim and Ernest Cook.*Conservation Finance Handbook: How Communities Are Paying for Parks and Land Conservation*.San Francisco: The Trust For Public Land, 2004.

[63] Hume, Mark. "You Don't Know What You Got Till it's Gone." *The Globe and Mail*, February 24, 2004.

[64] Ingerson, Ann.*Conservation Capital: Sources of Private Funding for Forest Conservation* The Wilderness Society, February 18, 2004.

[65] Irland, Lloyd C. *The Northeast's Changing Forest*. Petersham MA: Harvard University Press, 1999.

[66] Irland, Lloyd. "The Future of Large Forest Ownerships", presentation to Allegheny Section, Society of American Foresters given in Dover, Delaware on Feb. 19, 2004.

[67] Jaeger, W. K. *Potential Benefits of Water Banks and Water Transfers*. Corvallis: Oregon State University, January 2004.

[68] Karkos, Terry. "Federal Money to Help Preserve Wildlife Habitat." *Sun Journal* (Lewiston, Maine), March 4, 2004.

[69] Kelda Group. News Updates.www.keldagroup.com/news/nrinterim_03.html/, accessed

April 21, 2004.

[70] Kestenbaum, Stuart. *Pilgrimage*. Portland, ME: Coyote Love Press, 1990.

[71] Klinkenborg, Verlyn. "Crossing Borders." *Audubon* (Sept./Oct.1995): 34+.

[72] Koberstein, Paul. *Cascadia Times*. Portland, OR: Cascadia Times Publishing Co., Summer 2003.

[73] Lee, Pater, Dmitry Aksenow, Lars Laestadius, Ruth Nogueron, and Wynet Smith. *Canada's Large Intact Forest Landscapes*. Edmonton, Alberta, Canada: Global Forest Watch, 2003.

[74] Lindenmayer, David and Jerry Franklin. *Conserving Forest Biodiversity*. Washington, D.C.: Island press,2002.

[75] "LIP program highlights struggle over which species need help" *Land Letter*, March 11,2003.

[76] Loucks, Andrea. *Strengthening the Ties that Bind.* Washington, D.C.: The Community Strategies Group, The Aspen Institute, 2002.

[77] MacKinnon, J.B. "The Naked Truth about Great Bear Rainforest." *Explore*, September 2003, 38-43.

[78] *Malpai Borderlands Group End of Year Report*. Accessed from www.malpaiborder-landsgroup. org, December, 2000.

[79] McCallum, Rob and Nikhil Sekhran. *Race for the Rainforest: Evaluating Lessons from an Intergrated Conservation and Development "Experiment" in New Ireland, Papua New Guinea*. Waigani, Papua New Guinea: PNG Biodiversity Conservation and Resource Management Programme, 1997.

[80] McCrea, Peter. *Outlook on Forestry in Papua New Guinea*. Boroko, Papua New Guinea: National Forest Service.

[81] McMahon, Janet. *An Ecological Reservers System Inventory: Potential Ecological Reserves on Maine's Existing Public and Private Conservation Lands*. Maine State Planning Office, July 1998.

[82] McQueen, Mike, and Ed McMahon. *Land Conservation Financing*. Washington, D.C.: Island Press,2003.

[83] McQueen, Mike. *Common Ground.* Arlington, VA: The Conservation Fund,

January-March 2004.

[84] *National Report on Sustainable Forests 2003(Final Draft)*. Washington, D.C.: U.S. Department of Agriculture, Forest Service, November 8, 2002.

[85] "The Nature Conservancy Discovers Large Population of Orangutans in Borneo." *The Nature Conservancy Magazine*, Winter 2002. Online at http://nature.org/magazine.

[86] The Nature Conservancy *Advocating for Climate Change Policy in U.S.State*.2004.

——. "Chapter Helps Protect 15, 370 Acres," Press release, April 21, 2004.

——. Heart Mt. Grassbank, Business Plan. December 2002,unpublished.

——.*Incentives for Greenhouse Gas Reductions throughout Carbon Sequestration: State-Level Activities*. March 11, 2004, unpublished research paper.

——. "Nature Conservancy over Halfway to Kelda Fundraising Goal." Middletown, CT. press release, March 28, 2002.

——. *Report on Field Work in Josephstaal*. November 1998.

——. *Supplementary Materials Sustainable Forestry Project Papua New Guinea*. Arlington, VA, November 2, 1997.

——. *Virginia Coast Reserve Program Assessment—August 2002, Final Report*. Arlington, VA, unpublished.

——. *Virginia Coast Reserve Program Assessment Executive Summary*. August, 2002.

[87] Northern Forest Center. *Northern Forest Center Annual Report 2002*. Concord, NH,2002.

[88] O'Connell, Mike. *Tenaja Area Wildlife Linkage Preserve Design Plan*. Fax transmitted to author, May 21,2004.

[89] Ottaway, David B. and Joe Stephens. "On Eastern Shore, For-Profit Flagship Hits Shoals: Local Ventures Launched, Foundered and Failed," *Washington Post*, May 5, 2003, A11.

[90] Patel-Weynand, Toral. *Biodiversity and Sustainable Forestry: State of the Science Review*. Washington, D.C.: The National Commission on Science for Sustainable Forestry, 2002.

[91] Perschel, Robert T. *The Land Ethic Tool Box: Using Ethics, Emotion and Spiritual Values to Advance American Land Conservation*. The Wilderness Society, January 2004.

[92] Postal, Sandra and Brian Richter. *Rivers for Life: Managing Water for People and Nature*. Washington, D.C.: Island Press, 2004.

[93] *Progress on the Back Forty*. Washington, D.C.: Environmental Defense Fund, 2000.

[94] "Publicly Owned Grassbanks: Just another Bailout." Accessed from www.publiclandsranching. org/htmlress/fs_grassbanks_no_good.htm,April 29,2004.

[95] Pye-Smith, Charlie and Carole Saint-Laurent. "Introduction to the Demonstration Portfolio." *Global Partnership on Forest Landscape Restoration: Investing in People and Nature*. See www.unep-wcmc.org/forest/restoration/globalpartnership/.

[96] Rainforest Solutions. Vancouver,B.C.: Rainforest Solutions Project,Winter 2004. See www.savethegreatbear.org.

[97] Rawlins, Wade. "N.C. Forests Falling Fast: State Lost More than 1 Million Acres from 1990 to 2002."*North Carolina News and Observer*,March 26, 2004.

[98] Redford, Kent H., and Jane A. Mansour, eds. *Traditional Peoples and Biodiversity Conservation in Large Tropical Landscapes*. Arlingtion, VA: The Nature Conservancy, 1996.

[99] Refkin, David. *Toward a Greener Forest Products Industry*. Presentation notes, November 17, 2003.

[100] Rolde, Neil. *The Baxters of Maine: Downeast Visionaries*. Gardiner, ME: Tilbury House Publishers, 1997.

[101] Salafsky, Nick, Bernd Cordes, John Parks, and Cheryl Hochman. *Evaluating Linkages between Business and the Environment and Local Communities*. Washington, D.C.: Biodiversity Support Program, 1999.

[102] Saulei, Simon. "Natural Regeneration Following Clear-Fell Logging Operations in the Gogol Valley, Papua New Guines." *Ambio* 13, 5-6（1984）.

[103] Sauls, Edwin G. "Practical Tips for Developers" *Developers Guide to Endangered Species Regulation*, Washington D.C.: National Homebuilders Association, 1996.

[104] Seddon, George. "Logging in the Gogol Valley, Papua New Guinea." *Ambio* 13, 5-6

（1984）.

[105] Sizer, Nigel. How *Can TNC Combat Illegal Logging in Indonesia*?!. Powerpoint Presentation. The Nature Conservancy.

[106] Social Investment Forum. *2003 Report on Socially Responsible Investing Trends in the United States*. Washington, D.C., December.

[107] *State of the Worlds Forests 2003*. Rome: Food and Agriculture Organizaition of the United Nations, 2003.

[108] Steinzon, Nadia. "Exploring Educational Approaches to Advance Landscape-Scale Conservation." Bard Center for Environmental Policy, master's thesis, May 2004.

[109] Stuart, Marc and Nikhil Sekhran. *Developing Externally Financed Greenhouse Gas Mitigation Projects in Papua New Guinea's Forestry Sector: A Review of Concepts, Opportunities and Links to Biodiversity Conservation*. Port Moresby, Papua New Guinea: PNG Biodiversity Conservation and Resource Management Programme, September 1996.

[110] Tabis, Phil. "Making the Case for State Tax Incentives for Private Land Conservation." *Land Trust Alliance Exchange*, Spring 1999.

——. *State Conservation Tax Incentives—Summary of Approaches and Current Status*. Arlington, VA: The Nature Conservancy, unpublished.

[111] *Timberland Markets*. North Hollywood, CA: Paperloop December 2003.

[112] *Timberland Markets*. North Hollywood, CA: Paperloop August 2004.

[113] *Two Countries, One Forest: Protecting and Connecting Nature from New York to Nova Scotia*. Conference Notes 2C1F Montreal Meeting held May 17-18,2004.

[114] United Nations Development Programme. *World Resources 2000-2001: People and Ecosystems—The Fraying Web of Life*. Oxford, England: Elsevier Science, 2000.

[115] Urquhart, Thomas. *For the Beauty of the Earth: Birding Opera and other Journeys*. Washington, D.C.: Shoemaker and Hoard, 2004.

[116] Waybirn, Laurie, Jreey F. Franklin, John C. Gordon, Clark S. Binkly, David J. Mladenoff, and Norman L. Christensen. *Forest Carbon in the United States: Opportunities and Options for Private lands*. Santa Rosa, CA: Pacific Forest Trust, Fall 2000.

[117] Weeks, William. *Beyond the Ark*. Washington, D.C.: Island Press, 1997.

[118] *Wild East: The Newsletter of CPAWS Nova Scotia*. Canadian Parks and Wilderness Society, Spring 2004.

[119] Wilson, E.O. *The Future of Life*. New York: Knopf, 2002.

[120] World Wide Fund for Nature. *Guidelines for Investment in Operations that Impact Forests*. September 2003.

[121] Yellowstone to Yukon Conservation Initative. *Yellowstone to Yukon: A Blueprint for Wildlife Conservation.*

[122] Zinn, Jeffrey. "Funding Trends for Selected Resource Conservation Programs." *Renewable Resources Journal*（Spring 2004）:4-10.